kurz gefasst

Immunbiologie

Jürgen Christner

Ernst Klett Verlag
Stuttgart Düsseldorf Leipzig

Grafiken: Jörg Mair, Herrsching

9 783123 506147

1. Auflage 2002   1 5 4 3 2 1 | 2006 2005 2004 2003 2002

Internetadresse: http://www.klett-verlag.de
E-Mail: klett-kundenservice@klett-mail.de

DTP: D+G Haug, Stuttgart.
Druck: Druckhaus Vogel, Echterdingen. Printed in Germany.
ISBN 3-12-350614-2

Viele Viren, Bakterien, Einzeller, Pilze und Würmer sind für ein Leben im menschlichen Körper programmiert.

Die Welt um uns ist voll von Mikroben. Für viele von ihnen ist der menschliche Körper ein hervorragender Lebensraum – wohl temperiert und angefüllt mit Nährstoffen. Daher versuchen sie in diesen einzudringen, um darin zu leben und sich zu vermehren. Auch viele Tiere finden in den Eingeweiden, den Muskeln oder der Blutbahn des Menschen einen idealen Lebensraum.

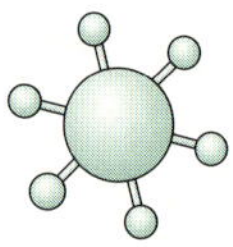

Viren sind sehr klein (< 400 nm), nur im elektronenmikroskopischen Bild erkennbar. Sie vermehren sich innerhalb von Körperzellen. Da sie keinen eigenen Stoffwechsel haben, leihen sie sich zu ihrer Vermehrung den Stoffwechsel einer lebenden Zelle aus. Viele von ihnen sind Krankheitserreger. Grippe, Masern, Röteln, Polio, Tollwut und AIDS sind Infektionskrankheiten, die durch Viren hervorgerufen werden. Manche Viren enthalten Krebsgene.

LOUIS PASTEUR entdeckt den Zusammenhang zwischen Mikroorganismen und Infektionskrankheiten.

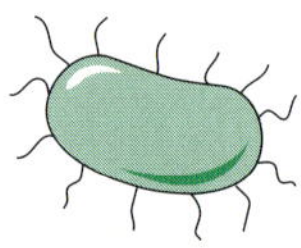

Bakterien sind in Bezug auf ihren Stoffwechsel die vielseitigste Gruppe von Organismen: Unter ihnen gibt es aerob (in Gegenwart von Sauerstoff) und anaerob (ohne Sauerstoff) lebende Arten, Saprophyten (Fäulnisbewohner), Symbionten und Parasiten, manche gewinnen ihre Energie durch Chemosynthese, andere durch Photosynthese. Für uns Menschen treten sie vor allem als Krankheitserreger in Erscheinung. Ihre pathogene (krankheitsauslösende) Wirkung beruht auf giftigen Stoffwechselprodukten (Toxinen) oder auf Enzymen, die in den Stoffwechsel des Menschen eingreifen.

1876: ROBERT KOCH ermittelt erstmals einen Mikroorganismus (Milzbrandbazillus) als Krankheitserreger beim Menschen.

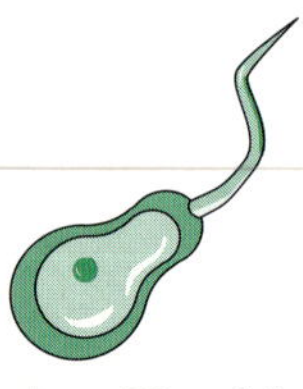

Der Name **Protozoen** bedeutet „erste Tiere" und bezieht sich auf den einfachen Bau der Organismen aus einer Zelle. Die Zellen besitzen – im Gegensatz zu den Bakterien – einen Zellkern. Sie pflanzen sich meist durch eine einfache Zellteilung fort; im Lebenszyklus mancher Einzeller tritt eine Verschmelzung von Gameten auf. Protozoen verursachen Krankheiten wie Malaria, Schlafkrankheit, Toxoplasmose und Amöbenruhr.

Die drei großen Seuchen Malaria, Tuberkulose und AIDS werden von Einzellern, Bakterien bzw. Viren hervorgerufen. Weltweit sind alle drei in Ausbreitung begriffen.

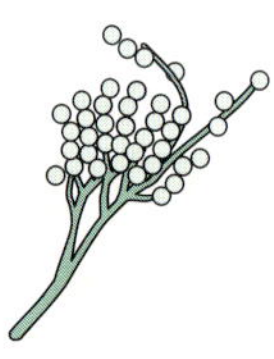

Parasitische **Pilze** rufen eine Reihe von Pilzerkrankungen oder Mykosen hervor. Pilze befallen vor allem die Haut (Hautflechten und Fußpilz) und Schleimhäute (Soor – ein Bläschenausschlag mit weißlichem Belag).

Viren, Bakterien, Pilze und Einzeller fasst man auf Grund ihrer Größe als Mikroben oder **Mikroorganismen** zusammen.

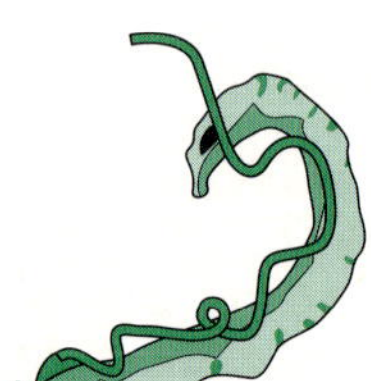

Würmer sind Vielzeller, die verschiedenen Tierstämmen angehören, mit komplizierten Fortpflanzungsorganen und Lebenszyklen. Oft brauchen sie Zwischenwirte für ihre Larven und einen Endwirt für die geschlechtsreifen Tiere. Wurmkrankheiten des Menschen sind sehr häufig, lediglich in den Industrieländern sind sie seit einigen Generationen stark zurückgegangen. Parasiten des Menschen sind unter anderen Bandwürmer, Spulwürmer, Hakenwürmer, Trichinen. Der abgebildete Pärchenegel ist der Erreger der Bilharziose.

Der menschliche Körper ist aus rund 10 Billionen (10^{13}) Zellen aufgebaut, er beherbergt rund 100 Billionen (10^{14}) Bakterien, die zu etwa 1000 Arten zählen. Die Körperoberfläche und das Verdauungssystem sind von Mikroorganismen dicht besiedelt, darunter sind viele Nützlinge, wie z. B. die symbiontischen Darmbakterien.

Mensch und Mikroorganismen leben in Symbiose.

Nur wenige der Mikroorganismen, die den Menschen besiedeln sind Schädlinge; trotzdem sind **Infektionskrankheiten** – von leichten Erkältungen bis zu tödlichen Krankheiten wie Malaria, Hirnhautentzündung und AIDS – weltweit die häufigsten Krankheiten. Mikroben mit der Fähigkeit bei Gesunden eine Infektionskrankheit hervorzurufen, werden als **pathogene Keime** bezeichnet. Aber auch Mikroorganismen, die zur natürlichen Mikroflora gesunder Menschen gehören, können Krankheiten verursachen.

Mikroorganismen können Infektionskrankheiten hervorrufen.

Man muss allerdings zwischen Infektion und Infektionskrankheit unterscheiden; nicht jede Infektion führt zu Krankheitssymptomen:

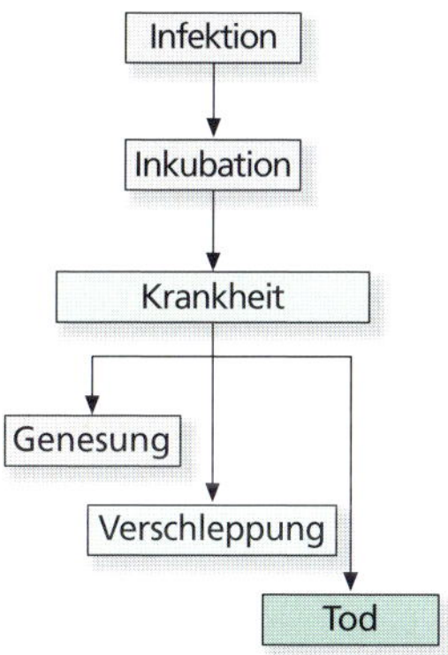

Infektion oder Ansteckung bedeutet, dass Erreger in den Körper eingedrungen sind; der befallene Mensch ist zwar nicht krank, aber ein Keimträger. Keimträger können den Erreger ausscheiden und damit zu dessen Verbreitung beitragen.

Während der **Inkubationszeit** breiten sich die Keime im Körper aus. Ihre entscheidende Stärke ist die unerhört schnelle Vermehrung: Bakterien können ihre Zahl in 20 Minuten verdoppeln. Wenn sie Symptome (Krankheitszeichen wie Fieber, Husten, Schmerzen) verursachen, ist die **Infektionskrankheit** ausgebrochen.

Im 30-jährigen Krieg starben 20 Millionen Menschen an der Pest.

Das Eindringen von Krankheitserregern in den Körper, ihre Vermehrung im Organismus und das Auftreten einer Infektionskrankheit hängen nicht nur von der **Virulenz** des Erregers, sondern auch von der **Resistenz** des Menschen ab. Die Virulenz ist gekennzeichnet durch die Zahl, die Vermehrungsfähigkeit und die Gefährlichkeit der Keime; die Resistenz manifestiert sich in der Krankheitsbereitschaft und dem Abwehrverhalten des Patienten.

Noch vor 100 Jahren starb jeder siebte Deutsche an der Schwindsucht, der Tuberkulose.

Infektionskrankheiten können ganz unterschiedlich verlaufen. Es gibt ...

- akute Infektionskrankheiten mit schweren Symptomen und kurzem Verlauf (eine Lungenentzündung durch Bakterien oder ein grippaler Infekt),
- chronische Infektionskrankheiten bei langem Verlauf (z. B. Lungentuberkulose),
- immer wieder aufflackernde (rezidivierende) Krankheiten, (z. B. die Gürtelrose),
- schlummernd-fortschreitende Infektionsverläufe, zu denen im allgemeinen der frühe Verlauf der HIV-Infektion zählt.

Zwischen 1918 und 1920 raffte die Grippe über 40 Millionen Menschen dahin, eine zweite Grippe-Pandemie wanderte 1957 um die Welt.

Mikroben dringen durch Körperöffnungen oder durch die Haut ein.

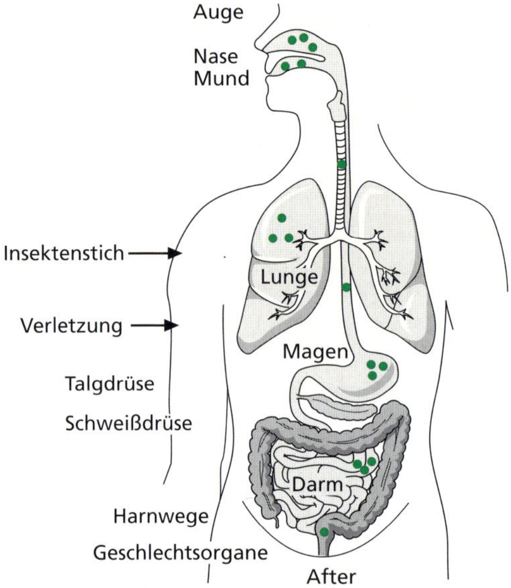

Mikroorganismen können auf ganz verschiedenen Wegen Eingang in unseren Körper finden:

Manche werden durch Insektenstiche oder Verletzungen unmittelbar ins Blut befördert, andere wandern über Körperöffnungen, Nase, Mund, After oder Geschlechtsorgane in Lunge, Magen, Darm ein.

Viele Keime werden über die Luft transportiert, andere durch die Nahrung, durch Tiere oder durch unmittelbaren Körperkontakt.

Einfallstore einiger infektiöser Mikroorganismen:

Krankheit	**Erreger**	**Übertragung**
	Viren	
AIDS / HIV-Infektion	RNA-Virus (HIV)	ungeschützte Sexualkontakte, Blut
FSME: Frühsommer-Meningo-Enzephalitis	RNA-Virus	durch Zeckenbiss in die Blutbahn
Gelbfieber	RNA-Virus	von Stechmücken durch die Haut
Hepatitis A	RNA-Virus	fäkal-orale Übertragung
Hepatitis B	DNA-Virus	Kontakt mit infiziertem Blut
Influenza (Virusgrippe)	RNA-Virus	Tröpfcheninfektion: Atemwege
Kinderlähmung (Poliomyelitis)	RNA-Viren	Schmierinfektion über Magen-Darm-Trakt
Masern, Röteln, Mumps	RNA-Virus	Tröpfcheninfektion: Atemwege
Tollwut	RNA-Virus	Speichelkontakt bei Verletzung
	Bakterien	
Keuchhusten	*Bordetella pertussis*	Tröpfcheninfektion : Atemorgane
Tetanus, Wundstarrkrampf	*Clostridium tetani*	durch Wunden, ins Gewebe
Legionärskrankheit	*Legionella pneumophila*	Tröpfcheninfektion, durch die Lunge
Lepra	*Mycobacterium leprae*	durch die Haut : direkter Kontakt
Tuberkulose	*Mycobacterium tuberculosis*	Staub- und Tröpfcheninfektion: Atemwege
Gonorrhöe	*Neisseria gonorrhoeae*	Schleimhäute, Harn- u. Geschlechtsorgane
Typhus, Paratyphus	*Salmonella typhi /paratyphi*	Wasser und Nahrung: Magen- Darmtrakt
Cholera	*Vibrio cholerae*	Wasser oder Lebensmittel
	Einzeller	
Malaria	Plasmodium-Arten	Mückenstich: unmittelbar in die Blutbahn
Schlafkrankheit	Trypanosomen	Stich einer Fliege: unmittelbar ins Blut
	Würmer	
Flussblindheit	Fadenwürmer	Mückenstich
Bilharziose	Pärchenegel	Eindringen durch die Haut

Um eine Krankheit auszulösen, müssen die Mikroorganismen ein 3 stufiges Abwehrsystem überwinden.

Die Abwehrmechanismen arbeiten gestaffelt.

Die einzelnen Schutzwälle arbeiten allerdings nicht isoliert – alle Teile des Abwehrsystems sind miteinander vielfältig verknüpft und verzahnt. Es ist dieses **Zusammenwirken** – nicht die Leistung eines einzelnen Elements – welches das Immunsystem zu einem so hervorragenden Verteidigungssystem werden lässt.

Angeborene = **unspezifische Abwehr**	**Allgemein** unspezifische Abwehr: **Barrieren** des Körpers.	Haut und Schleimhäute; Säuren der Haut und des Magens; Basen im Darm; antibakterielle Enzyme; Husten, Niesen, Erbrechen, Bakterienflora	Halten Erreger aller Gruppen ab.	S. 8
	Selektiv unspezifische Abwehr reagiert sehr schnell, aber wenig spezifisch. Arbeitet unabhängig davon, ob der Organismus dem Erreger schon begegnete.	**Lösliche Faktoren** Lysozym Interferone Komplementsystem Histamin	Wirken vor allem gegen Bakterien und Pilze.	S. 22
		Zellen Phagozyten neutrophile Granulozyten eosinophile Granulozyten basophile Granulozyten Makrophagen natürliche Killerzellen	Wehren Bakterien, Pilze, Viren und Einzeller ab.	S. 20 f.
Erworbene = **Spezifische Abwehr**	arbeitet verzögert, trifft ganz gezielt den jeweiligen Erreger; bekämpft jeden Keim mit exakt angepassten Reaktionen; hat ein Gedächtnis, wird durch Erfahrung gestärkt.	Die **humorale Abwehr** arbeitet mit gelösten Substanzen. = antikörpervermittelte Abwehr: B-Lymphozyten Plasmazellen B-Gedächtniszellen Antikörper Zytokine	Zielt auf **Bakterien**, **Einzeller**, Pilze und Viren **außerhalb** von Körperzellen.	S. 24 ff.
		Die **zelluläre Abwehr** arbeitet mit ganzen Zellen. = zellvermittelte Abwehr T-Lymphozyten T-Helferzellen T-Unterdrückerzelle T-Killerzellen	Bekämpft **Viren**, **Pilze**, Bakterien Einzeller **innerhalb** von Zellen.	S. 35 ff.

Der Körper schützt sich durch viele Barrieren:

Physikalische
- *die Hornschicht der Oberhaut*
- *Schleimschichten in Nase und Rachen*
- *Flimmerhärchen der Schleimhäute*
- *Husten und Niesen*
- *Spülung der Harnwege durch Urin*
- *Körpertemperatur*

Chemische
- *Säuren und Basen auf der Haut, in Magen und Darm*

Biochemische
- *Enzyme in Tränen und Speichel*
- *Verdauungsenzyme*

Biologische
- *Antagonismus durch symbiontische Bakterien*

Am effektivsten ist die Abwehr, wenn das Immunsystem gar nicht aktiv werden muss, weil die Erreger nicht in den Organismus gelangen. Um sie am Eindringen zu hindern hat der Körper eine Reihe erstaunlicher Verteidigungsmechanismen entwickelt.

- Ein ausgezeichneter Schutz ist die intakte **Haut**. Sie ist dicht, reißfest und dehnbar. Talg, das Sekret der Talgdrüsen, macht sie wasserabstoßend. Das Sekret der Schweißdrüsen ist schwach sauer (pH-Wert 3–5), der natürliche Säureschutzmantel wehrt Bakterien ab. Biologischen Schutz schließlich bieten die stets auf der Haut lebenden symbiontischen Bakterien. Nur wenigen Keimen gelingt es, die unversehrte Haut zu durchdringen. Die Rolle der Haut wird offensichtlich, wenn man bedenkt, wie leicht Wunden, Kratzer oder kleine Abschürfungen der Haut infiziert werden.
- Nicht ganz so undurchdringlich sind die **Schleimhäute**, die unsere Atmungsorgane, das Verdauungssystem, Fortpflanzungs- und Ausscheidungsorgane auskleiden. Viele Mikroben verfangen sich im Schleim.

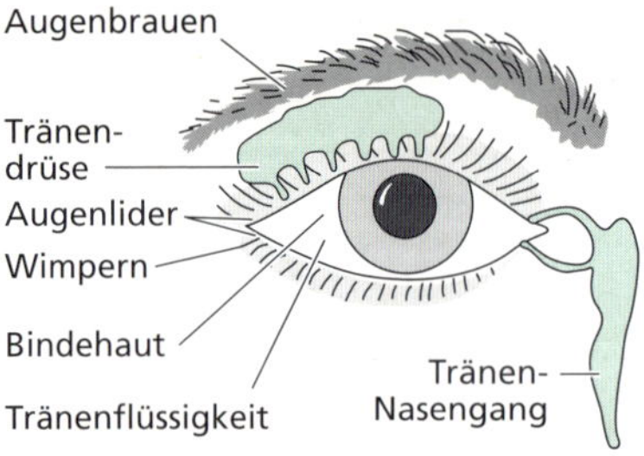

- Das **Auge** wird durch den Wischeffekt der Augenlider und ständiges Spülen durch Tränen geschützt. Die Tränenflüssigkeit enthält das Enzym Lysozym. Lysozym greift die Zellwand der Bakterien an und löst sie auf.
- Das **Ohr** schützt sich durch Wachs im Gehörgang.
- Feinste Flimmerhärchen in den **Atemwegen** erschweren das Eindringen von Staubpartikeln und Erregern. Tabakrauch lähmt diese Flimmerhärchen. Auch durch Husten und Niesen werden viele Keime wieder nach außen befördert. Im Nasen-Rachen-Raum wirken Proteasen, Protein-abbauende Enzyme.
- Das **Verdauungssystem** wird durch antibakterielle Enzyme geschützt, wie das Lysozym im Speichel und Verdauungsenzyme in Magen und Darm. Die aggressive Magensäure (pH 1–2) und die Basen im Darm töten weitere Bakterien ab. Im Darm leben unzählige nicht pathogene Bakterien. Die etablierte Bakterienflora erschwert eine Besiedelung durch Neuankömmlinge – man spricht von mikrobiellem Antagonismus.
- Die **Harnwege** werden immer wieder durch Urin gespült.
- Eine besondere Mikroflora stellt in der **Vagina** (Scheide) laufend Milchsäure her, die einen Schutz gegen eindringende Bakterien darstellt.
- Die erhöhte **Temperatur** bei Fieber verhindert Wachstum und Vermehrung mancher Bakterienarten.

Sind die Keime in den Körper eingedrungen, so versucht der befallene Körper sie so schnell wie möglich zu zerstören. Das **Immunsystem** hat die Aufgabe, den Körper gegen den Angriff der Eindringlinge zu verteidigen.

Das Immunsystem verteidigt den Organismus gegen Feinde.

Das Immunsystem ist ein komplexes System spezialisierter Zellen und Organe. Es ist nicht klar gegenüber anderen Organen abgegrenzt und durchdringt viele Gewebe.

Zum Immunsystem gehören alle Moleküle, Zellen und Organe, die in der Auseinandersetzung mit Krankheitserregern, Allergien und Tumoren für den Schutz des eigenen Organismus verantwortlich sind: Antikörper und Zytokine; Lymphozyten und Makrophagen; Knochenmark und Thymus; Lymphknoten, Milz und Mandeln (Tonsillen).

"immunis" (lat.) bedeutet geschützt oder unversehrt.

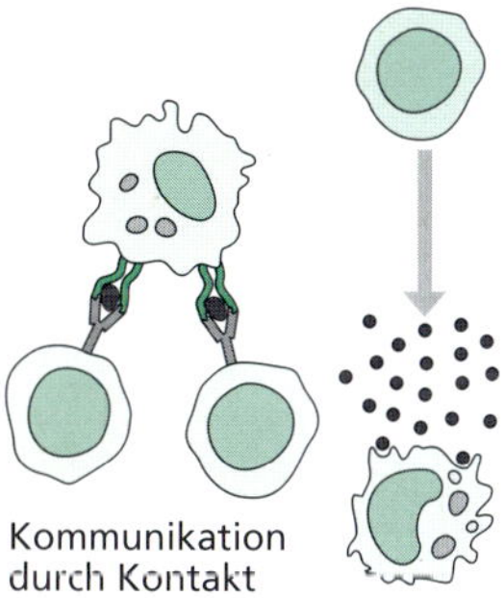

Kommunikation durch Kontakt oder durch Botenstoffe

Der Erfolg des Immunsystems bei der Verteidigung des Körpers beruht auf einem Netz dynamischer Systeme. Darin sind viele Millionen Zellen organisiert, die laufend Informationen miteinander austauschen. Über 100 Regulationsfaktoren wurden inzwischen aufgespürt. Wenn es gut funktioniert, kann das System Infektionen durch Bakterien, Viren, Pilze und Parasiten prompt, angemessen und effektiv sowie räumlich und zeitlich begrenzt beantworten.

Die Komponenten des Immunsystems kommunizieren miteinander

Bevor der Körper gegen Keime ankämpfen kann, muss er zwischen Freund und Feind unterscheiden: Das **Erkennen** ist der erste Schritt der Immunabwehr. Fremde Zellen und Substanzen müssen erkannt, eingestuft und lokalisiert werden. Die Unterscheidung in **gefährlich** und **ungefährlich** – weitgehend deckungsgleich mit der Unterscheidung zwischen „**eigen**" und „**körperfremd**" – ist nicht genetisch festgelegt, sie muss vielmehr erlernt werden.

Das gesunde Immunsystem unterscheidet zwischen gefährlichen und ungefährlichen Substanzen und Zellen.

Nach dem Erkennen sorgt das Immunsystem dafür, dass fremde Erreger abgetötet werden: Der zweite Schritt ist die **Beseitigung** der Erreger.

Das Immunsystem

- kann zwischen gefährlich und ungefährlich unterscheiden;
- erkennt Millionen verschiedene körperfremde Moleküle und reagiert spezifisch auf deren Gegenwart;
- hat ein Gedächtnis; es kann früher erkannte Antigene wiedererkennen und reagiert beim zweiten Kontakt rascher und wirksamer;
- stellt Moleküle und Zellen her, die körperfremde Stoffe bekämpfen.

Die komplexen physiologischen Vorgänge des Immunsystems sind erst teilweise geklärt und Gegenstand intensiver Forschung.

Wenn es zu **Störungen** kommt, ist das Immunsystem Auslöser einer Fülle von Krankheiten, dazu zählen Allergien, Arthritis, Krebs und AIDS. **Autoimmunkrankheiten** entstehen dadurch, dass die Erkennungsfunktion versagt und die Immunabwehr körpereigenes, gesundes Gewebe angreift.

Die MHC-Rezeptoren erlauben dem Körper zwischen eigen und fremd zu unterscheiden.

Die MHC-Proteine des Menschen werden auch HLA genannt: Humane Leukozyten-Antigene

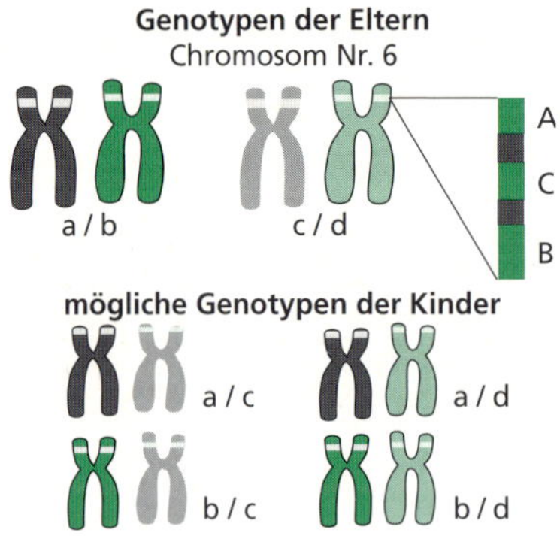

MHC-Gene folgen einem autosomalen kodominanten Erbgang.

Jeder Mensch trägt ständig seinen unverwechselbaren „Personalausweis“ auf jeder seiner Körperzellen: Auf der Zellmembran sitzen Glykoproteine, die so genannten **MHC-Rezeptoren**. Diese Proteine unterscheiden sich von Mensch zu Mensch. Die Proteine der MHC-Klasse I werden von drei benachbarten Genen (A, C und B) codiert, die in einem Abschnitt des Chromosoms Nr.6 enthalten sind, den man als Haupt-Gewebsverträglichkeitskomplex, englisch als *major histocompatibility complex* (**MHC**), bezeichnet.

Die MHC-Rezeptoren bestimmen, welche Zellen der Körper akzeptiert und gegen welche er sich wehren muss.

Jede Zelle ist damit als Teil einer bestimmten Person gekennzeichnet. Die MHC-Rezeptoren verraten dem Immunsystem, ob eine Zelle zum Körper gehört oder körperfremd ist, aber auch, ob eine eigene Zelle von Viren befallen ist oder zu einer Krebszelle umgewandelt ist.

Nur ganz selten haben zwei Menschen dasselbe MHC-Bild.

Der Formenreichtum (**Polymorphismus**) der MHC-Proteine ist ungewöhnlich groß. An jedem Genort gibt es eine große Zahl verschiedener Allele, die immer wieder neu kombiniert werden. Durch die kodominante Genwirkung können sich alle Allele gleichzeitig ausprägen. So ist es überaus unwahrscheinlich, dass zwei Menschen den gleichen Satz an MHC-Proteinen tragen, es sei denn, sie sind eineiige Zwillinge.

Der MHC wurde bei Versuchen zur Gewebs-Transplantation entdeckt. Wegen ihrer zentralen Rolle bei der Transplantation von Organen werden die MHC-Rezeptoren auch als Transplantations-Antigene bezeichnet.

Neben der Kennzeichnung haben die MHC-Proteine eine weitere wichtige Rolle im Immungeschehen. Auf ihnen **präsentieren** die Zellen charakteristische Bruchstücke von eingedrungenen Viren, Bakterien und anderen feindlichen Organismen. Die MHC-Rezeptoren bilden eine Tasche, in der die Bruchstücke gebunden und dargeboten werden. Viele Immunzellen unterliegen der **MHC-Restriktion**: Nur wenn Stücke der Antigene in der Grube der MHC-Proteine liegen, können sie einen Eindringling erkennen und bekämpfen.

Es gibt zwei Sorten von MHC-Proteinen:

- Klasse I MHC-Rezeptoren sitzen auf fast allen Körperzellen.
- Klasse II MHC-Rezeptoren finden sich nur auf bestimmten Zellen des Immunsystems. Sie ermöglichen den Zellen einander zu erkennen und effektiv zusammenzuarbeiten.

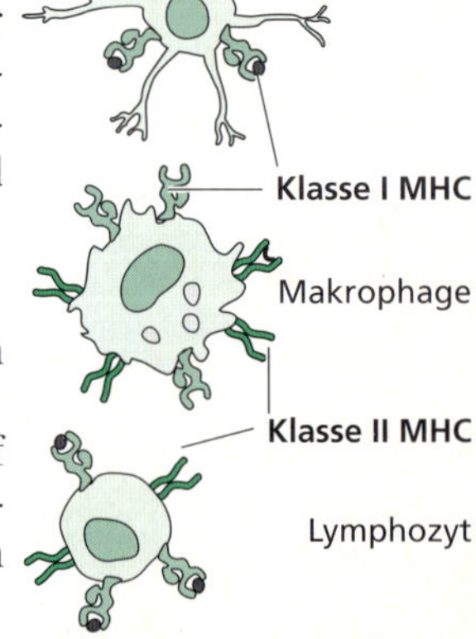

Eine wesentliche Eigenschaft des Immunsystems ist sein Vermögen, zwischen Eigenem und Fremdem, zwischen Selbst und Nicht-Selbst, zu unterscheiden.

Antigene werden vom Immunsystem als fremd erkannt.

Zellen, die sich durch ihre MHC-Rezeptoren (s. S. 10) als **SELBST** ausweisen können, werden im gesunden Körper nicht attackiert. Immunzellen und andere Körperzellen befinden sich in einem Zustand, den man als **„Selbst-Toleranz"** bezeichnet. Wenn aber eine Immunzelle auf ein Partikel, eine Zelle oder ein Organ trifft, das sie als **FREMD** erkennt, so ergreift sie geeignete Maßnahmen, um den Eindringling zu bekämpfen.

Jede Substanz, die in der Lage ist eine Antwort des Immunsystems hervorzurufen, wird als Antigen bezeichnet.

Antigene lösen im Körper eine Immunantwort aus.

Antigene haben nichts mit Genen zu tun! Das Wort „Antigen" ist eine Kurzform von *Anti-somato-gen*: „gegen den Körper bildend".

Ein Antigen kann ein Virus sein, ein Bakterium oder ein Pilz, ein Parasit oder ein Teil eines Parasiten, vielleicht auch ein Stoffwechselprodukt eines dieser Organismen. Auch Gewebe oder Zellen anderer Individuen sind Antigene. Ausgenommen sind Gewebe eineiiger Zwillinge, deren Zellen die gleichen MHC-Rezeptoren tragen. Auch Nahrungsproteine weist der Körper ab, wenn sie nicht vorher vom Verdauungstrakt in Aminosäuren – kleine Bausteine, die nicht als Antigene wirken – zerlegt werden.

Antigene sind:
1. Große Moleküle (>10,000 daltons),
2. komplexe Strukturen;
3. dem Immunsystem zugänglich und
4. körperfremd – d.h. nicht als „SELBST" zu erkennen .

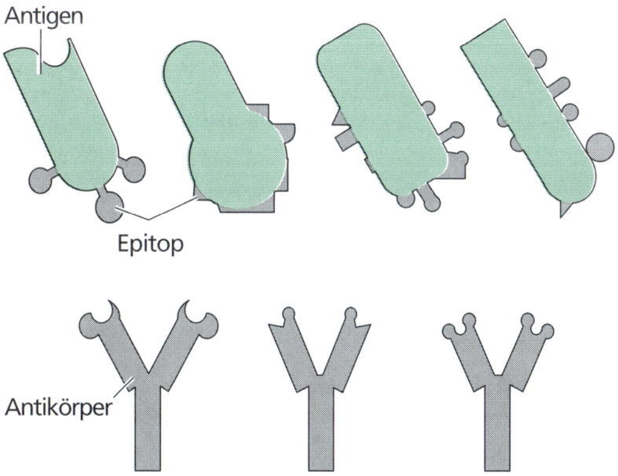

Ein Antigen verrät seine Fremdheit durch ein charakteristisches Muster, das man **antigene Determinante** oder **Epitop** nennt. Epitope sind Moleküle oder Molekülteile, die von der Oberfläche des Antigens abstehen. Manche Epitope bestehen nur aus vier bis sechs Aminosäureresten oder Zuckermolekülen. Die meisten Antigene, sogar die kleinsten Mikroben, tragen verschiedene Epitope auf ihren Oberflächen; manche sogar Hunderte davon. Einige dieser Epitope sind wirksamer als andere, wenn es um die Auslösung einer Immunantwort geht.

In pathologischen Situationen kann das Immunsystem einen körpereigenen Baustein als fremd identifizieren und eine Attacke ausführen. Das Ergebnis ist eine **Autoimmunkrankheit**. Bei manchen Menschen ruft ein ganz harmloses Objekt wie Roggen-Pollen oder Katzenhaar eine starke Immunantwort hervor, die als **Allergie** bezeichnet wird. In solchen Fällen bezeichnet man die Antigene als **Allergene**.

Allergene sind Antigene, die Allergien auslösen.

Antikörper sind große Proteinmoleküle.

1890: Emil von Behring und Schibasaburo Kitasato entdecken die Antikörper.

Im Körper eines Menschen gibt es etwa 100 Millionen verschiedene Antikörper.

Antikörper zählen zu einer Familie großer Proteinmoleküle, die man wegen ihrer rundlichen (globulären) Gestalt als **Immunglobuline** bezeichnet.

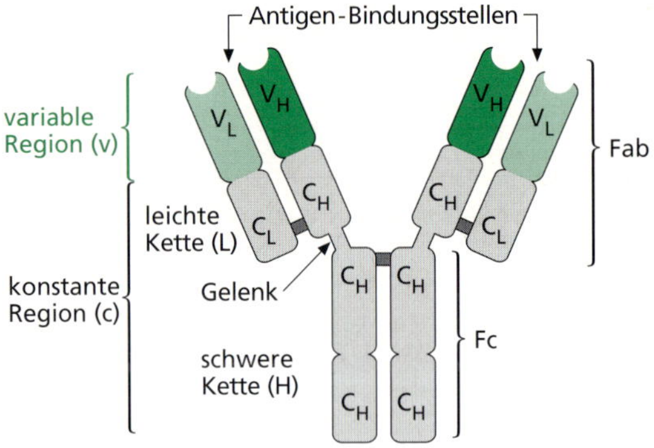

Ein Antikörper ist aus vier Polypeptidmolekülen zusammengesetzt: Zwei identische schwere Polypeptidketten und zwei identische leichte Ketten bilden zusammen eine Ypsilon-förmige Struktur. Die Ketten sind durch Dithio-ether-Bindungen (=Disulfid-Brücken oder S-S-Brücken) verbunden. Antikörper haben eine Molekularmasse von 150 000 – 900 000 kd.

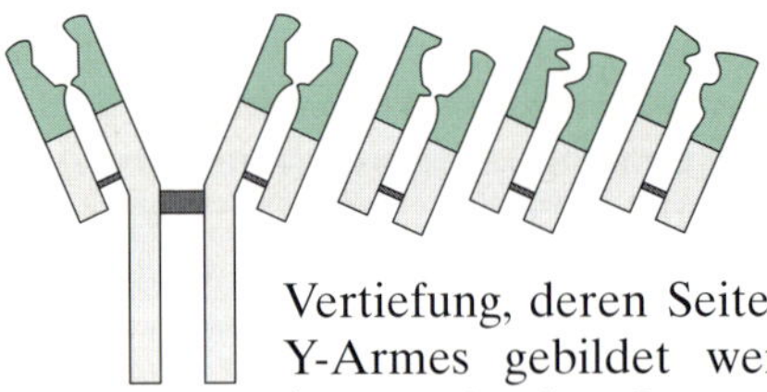

Die Enden der Y-Arme unterscheiden sich sehr stark von einem Antikörper zum anderen. Sie bilden die **variable (V) Region**. Hier hat jeder Antikörper eine trichterförmige Vertiefung, deren Seiten von den beiden Teilmolekülen des Y-Armes gebildet werden. Diese **Antigen-Bindungsstelle** (*antigen binding fragment* = **Fab**) passt auf ein Epitop und hält das Antigen fest.

Der Stamm des Y hat die Aufgabe, den Antikörper an andere Teilnehmer des Immunsystems zu heften. Dieser Bereich – **die konstante Region** oder C-Domäne – ist in allen Antikörpern einer Klasse gleich. Die Enden der H-Ketten neigen zur Kristallisierung (*crystallizable fragment* = **Fc**).

Antikörper reagieren mit Antigenen.

Die Besonderheit der Antikörper ist, dass sie Bindungsstellen besitzen, mit denen sie andere Moleküle – die Antigene – festhalten können.

Antikörper reagieren hochspezifisch.

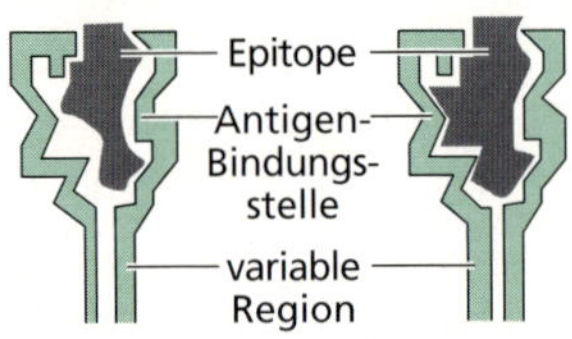

Ein Antikörper passt zum Epitop eines Antigens etwa wie ein Schlüssel zum Schloss. Antikörper und Antigen ergänzen sich in Form und elektrischer Ladung. Die Passung ist im Allgemeinen sehr präzise, außerordentlich feine Unterschiede bestimmen die Stärke der Bindung.

Weil jedes Antigen mehrere Epitope aufweist und an jedes Epitop irgend einer der unzähligen Antikörper bindet, gibt es für jedes beliebige Antigen, das in den Körper eindringt, eine Reihe passender Antikörper.

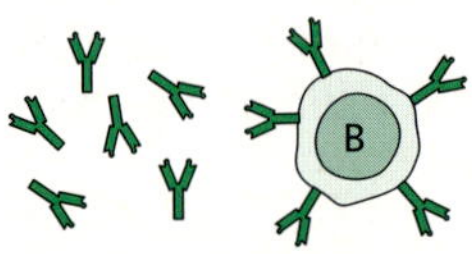

Antikörper kommen in zwei verschiedenen Zuständen vor: Sie sind entweder an die Membran einer Zelle gebunden oder sie sind frei. Als **Antiserum** bezeichnet man antikörperhaltiges Blutserum.

Antikörper verteilen sich im Organismus auf verschiedene Bereiche und übernehmen unterschiedliche Funktionen. Beim Menschen gibt es fünf Hauptklassen von Immunglobulinen (Ig) die sich am Fc-Abschnitt (am Stiel des Y) unterscheiden und von denen jede eine andere Rolle in der Verteidigungs-Strategie des Körpers spielt. Man bezeichnet die Klassen mit den Buchstaben G, A, M, D und E.

Antikörper verschiedener Klassen übernehmen jeweils andere Aufgaben.

- **IgG** ist das häufigste Immunglobulin im Blut. Bei einer Erstinfektion wird es erst nach etwa drei Wochen gebildet. Tritt dieselbe Infektion aber noch einmal auf, so wird es sehr schnell in großer Menge hergestellt und ausgeschüttet. IgG kann aus der Blutbahn ins Gewebe übertreten; es hüllt Mikroorganismen ein und beschleunigt so deren Aufnahme durch andere Zellen des Immunsystems.

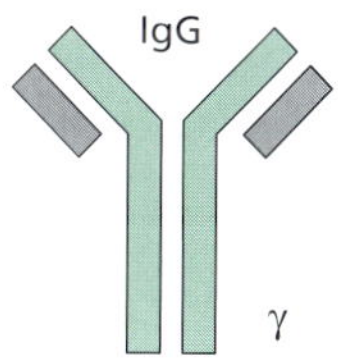

IgG tritt bei Zweitinfektionen sofort in Aktion.

- Das Immunglobulin A existiert in einer monomeren und einer dimeren Form. **IgA** ist spezialisiert auf Abwehr von Antigenen an den Oberflächen der menschlichen Schleimhäute z. B. in Nase, Rachen und Darm. Die dimere Form ist in der Muttermilch enthalten.

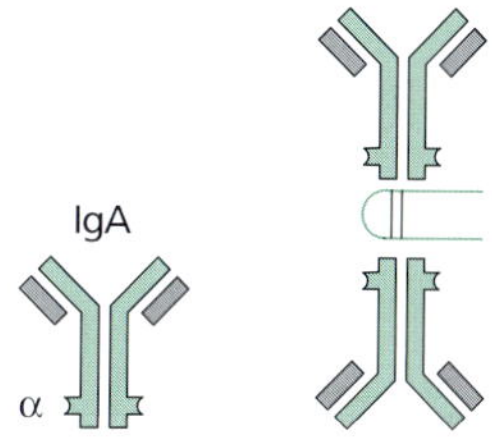

IgA ist auf Schleimhäute spezialisiert.

- Gelangt ein fremder Erreger in den Organismus, so stellt dieser zuerst **IgM** her. Sind nach einigen Wochen genügend Antikörper gebildet worden, so sinkt die IgM-Produktion. IgM bildet sternförmige Verbände. Es bleibt in der Blutbahn, heftet sich an Bakterien oder Viren und verklumpt (agglutiniert) sie.

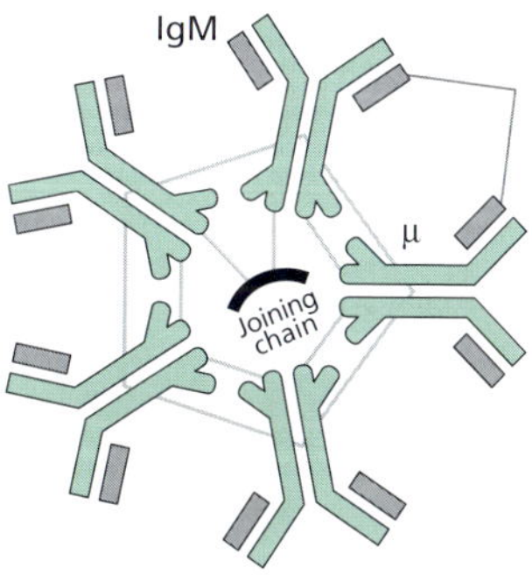

IgM ist ein Schnellstarter.

- **IgD** ist an die Membran der B-Zellen angeheftet, wo es die Aktivierung der Zelle reguliert.

IgD ist der B-Zell-Rezeptor.

- **IgE** kommt normalerweise nur in Spuren vor. Diese Antikörper werden von Plasmazellen abgegeben und sind an Rezeptoren auf basophilen Zellen und Mastzellen gebunden. IgE vermittelt bei der Abwehr von Wurmparasiten und bei allergischen Reaktionen.

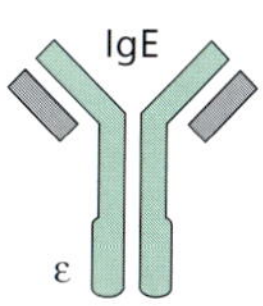

IgE tritt bei Allergien und Wurminfektionen auf.

Reife B-Zellen produzieren zunächst IgD und IgM. Bei einer zweiten Stimulierung wird dann IgG produziert. Dieser Vorgang wird als **Klassenwechsel** bezeichnet.

Die Immunantwort wird hauptsächlich von weißen Blutzellen – den Leukozyten – gegeben.

Eine Phalanx von Leukozyten organisiert und leistet die Abwehr.

Das Immunsystem enthält eine große Vielfalt an Leukozyten, die man in drei Fraktionen aufteilen kann: **Granulozyten** (50–70%), **Lymphozyten** (20–40%) und **Monozyten** (1–6%). Leukozyten können sich selbständig amöboid fortbewegen. Im Gegensatz zu den roten Blutkörperchen besitzen sie Zellkerne, die bei verschiedenen Zelltypen ganz unterschiedliche Formen annehmen.

Blutzellen bei Erwachsenen

Zelltyp	Zellen/mm^3
Rote Blutkörperchen	$5x10^6$
Plättchen	$2{,}5x10^5$
Leukozyten	$7{,}3x10^3$
neutrophile	50–70%
eosinophile	1–3%
basophile	<1%
Monozyten	1–6 %
Lymphozyten	20–40%

Um effektiv zu sein, arbeiten die meisten Immunzellen mit anderen Zellen zusammen. Sie kommunizieren durch unmittelbaren Zellkontakt und über chemische Botenstoffe.
Einige Leukozyten sind bevorzugt für die unspezifische Abwehr zuständig, die Lymphozyten greifen nur ganz speziell markierte Ziele an.

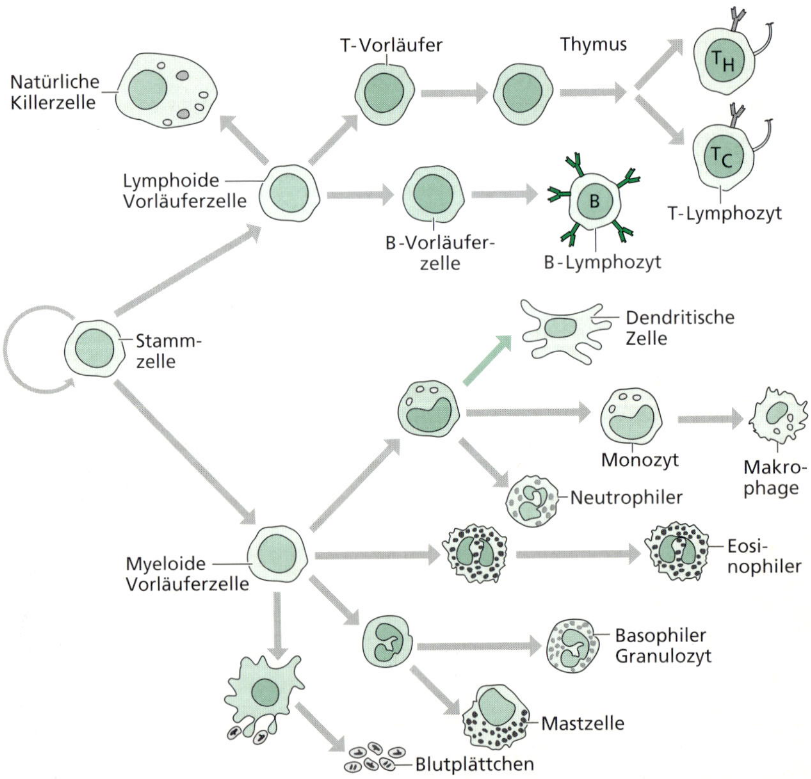

Immunzellen sind ideale Werkzeuge für die biologische Grundlagenforschung. Sie lassen sich leicht im Reagenzglas züchten.

Alle Blutzellen stammen von pluripotenten Stammzellen des Knochenmarks.

Das Knochenmark ist reich an blutbildenden **Stammzellen**, die sich ständig teilen. Aus diesen pluripotenten – mit vielen Entwicklungsmöglichkeiten ausgestatteten – Stammzellen bilden sich die Vorläufer aller Blutzellen. Die erstaunliche Heilkraft des Plazenta- und Nabelschnurblutes beruht auf den in ihm enthaltenen Stammzellen.

In vielerlei Hinsicht sind die **Lymphozyten** die wichtigsten Zellen des Immunsystems. Sie sind die Hauptverantwortlichen für die Aktivitäten des erworbenen Immunsystems. Außerdem stellen sie die Grundlage des immunologischen Gedächtnisses dar.

Lymphozyten sind die Träger der spezifischen Abwehr.

Lymphozyten sind kleine weiße Blutzellen. Ihre Lebenszeit beträgt drei Tage bis viele Jahre. Jeder Mensch besitzt ungefähr eine Billion von ihnen. Man unterscheidet zwei Arten: B-Zellen und T-Zellen. Lymphozyten werden im Knochenmark gebildet und ans Blut abgegeben. Den Stammzellen fehlen noch die Rezeptoren, die es den B- und T-Zellen erlauben, bestimmte Moleküle als ihr Angriffsziel zu erkennen. Solche Immunrezeptoren erscheinen erst im Laufe des Reifungsprozesses auf der Zelloberfläche.

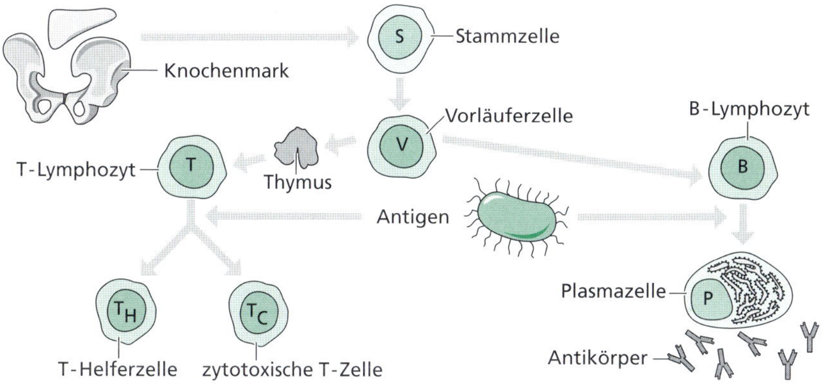

B-Lymphozyten reifen im Knochenmark (bone marrow);
T-Lymphozyten reifen im Thymus zu immunkompetenten Zellen.

Lymphozyten, deren Vorläuferzellen zum Thymus wandern und dort reifen, entwickeln sich zu T-Zellen.

T-Zellen sorgen für die zelluläre Immunität. Sie greifen Antigene direkt an und vernichten sie. Zu ihren Zielen gehören auch Körperzellen, die durch Viren oder Mutationen verändert sind.

T-Lymphozyten sind für die zelluläre Immunität zuständig.

T-Zellen machen etwa 70 Prozent aller Lymphozyten aus.

Lymphozyten, die im Knochenmark verbleiben und dort ihre Immunkompetenz erwerben, werden zu B-Zellen.

B-Zellen vermitteln die humorale Immunität. Sie und ihre Nachfolgerzellen, die Plasmazellen, bilden große Mengen von Antikörpern, die sie in die Körperflüssigkeiten abgeben.

Von den B-Lymphozyten geht die humorale Immunität aus.

húmor = Flüssigkeit

Beide erkennen spezifische Antigene als ihre Ziele. Da jeder Lymphozyt nur einen einzigen Rezeptortyp, den aber in vielen Kopien (rund 100 000) besitzt, kann er nur ein einziges Epitop erkennen. Um Platz für genügend Zellen zu haben, die zu Millionen verschiedener Eindringlinge passen, speichert das Immunsystem nur ganz wenige Exemplare von jeder Sorte. Erst wenn ein Antigen auftaucht, vermehren sich diejenigen Zellen, deren Rezeptoren exakt dazu passen, zu gewaltigen Heerscharen.

Phagozyten nehmen Antigene auf und verdauen sie.

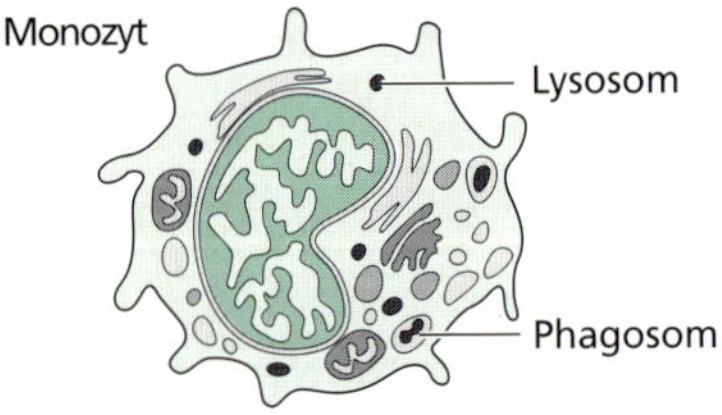

Phagozyten oder Fresszellen sind große weiße Blutzellen, die eingedrungene Mikroorganismen und andere Antigene verschlingen (phagozytieren) und verdauen und andere Immunzellen alarmieren können.

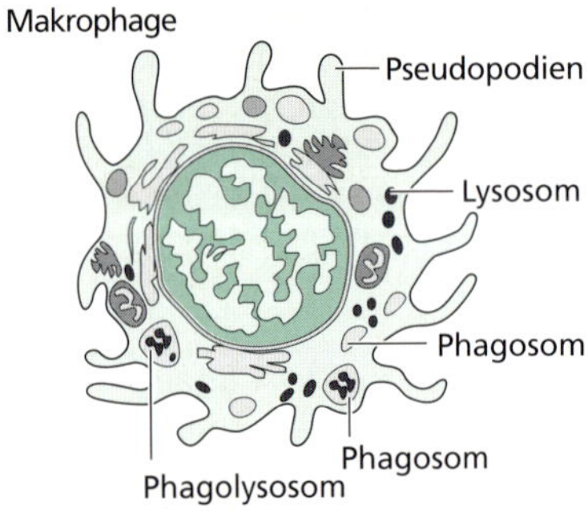

Monozyten zirkulieren im Blutstrom. Wenn sie ins Gewebe auswandern, entwickeln sie sich zu **Makrophagen** („große Fresser"). Sie können einige Jahre alt werden.

Phagozyten geben Signale weiter.

Monozyten und Makrophagen sind unentbehrlich für die Regulation der Immunantwort und das Entstehen von Entzündungen. Sie scheiden eine Fülle chemischer Substanzen aus und regeln so die Stärke der Immunantwort. Dazu gehören Enzyme, Komplement-Proteine und regulierende Faktoren wie das Interleukin. Gleichzeitig tragen sie Rezeptoren für Lymphokine, durch die sie zur Verfolgung von Mikroben und Tumorzellen aktiviert werden.

Dendritische Zellen, baumartig geformte weiße Blutzellen (S. 20), sitzen an den Eintrittspforten des Körpers, in den Atemwegen und auf der Haut. Mit langen dünnen Fortsätzen fangen sie Bakterien und Viren ein, nehmen sie auf, verdauen sie und präsentieren deren Bruchstücke an ihrer Oberfläche.

Granulozyten haben eine kurze Lebensdauer.

Granulozyten sind die größte Gruppe unter den kernhaltigen Zellen im Blut. Sie leben nur einige Stunden bis wenige Tage. Ihre Granula (Körnchen) sind gefüllt mit Mischungen vieler Enzyme (Oxidasen, Proteasen, Lipasen) und bakterizider Stoffe. Die Zellen sind nach ihren Färbeeigenschaften benannt: Eosinophile Granulozyten z. B. lassen sich mit sauren Farbstoffen wie Eosin anfärben. Die Neutrophilen arbeiten als Phagozyten, die anderen geben den Inhalt der Granula an ihre Umgebung ab.

Die Grana der Granulozyten enthalten Stoffe, die Mikroorganismen abtöten.

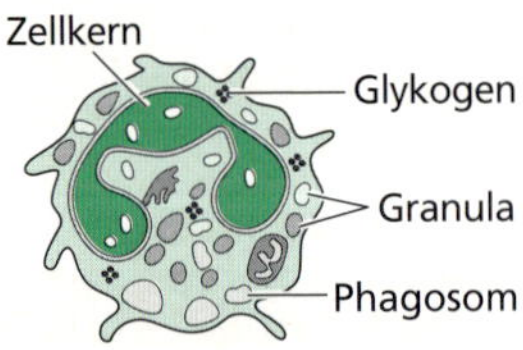

Neutrophile phagozytieren Mikroben und verdauen sie.

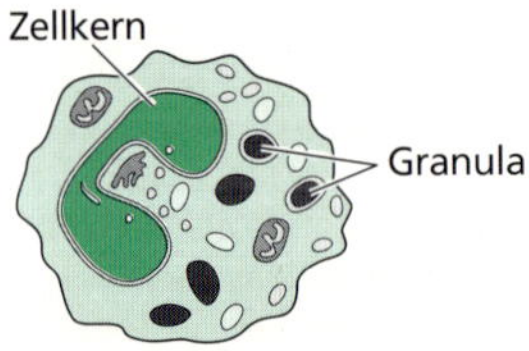

Eosinophile bekämpfen mit dem Inhalt ihrer Granula Wurmparasiten und Allergene.

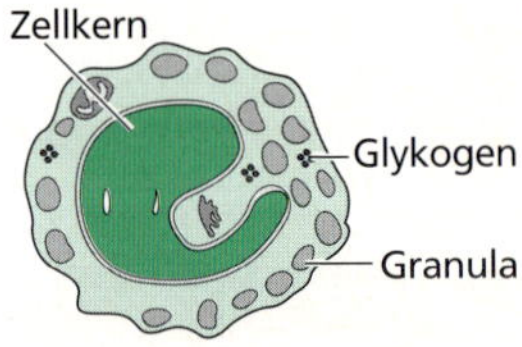

Basophile geben Granula ab, die eine entzündliche Reaktion hervorrufen.

Auch **Blutplättchen** enthalten Granula und setzen Substanzen frei, die das Immungeschehen anregen.

Da die krankheitserregenden Keime an ganz verschiedenen Stellen eindringen und sich in allen Teilen des Körpers festsetzen und vermehren können, sind auch die Organe und Gewebe des Immunsystems über den ganzen Körper verteilt. Beim Menschen wiegen sie zusammen 1–2 kg. Zellen des Immunsystems kreisen kontinuierlich im Blutstrom und erreichen mit wenigen Ausnahmen alle Organe des Körpers. In den **lymphatischen Organen** wachsen und entwickeln sich die **Lymphozyten**, dort werden sie gespeichert und bei Bedarf stimuliert.

Lymphozyten halten sich bevorzugt in lymphatischen Organen auf.

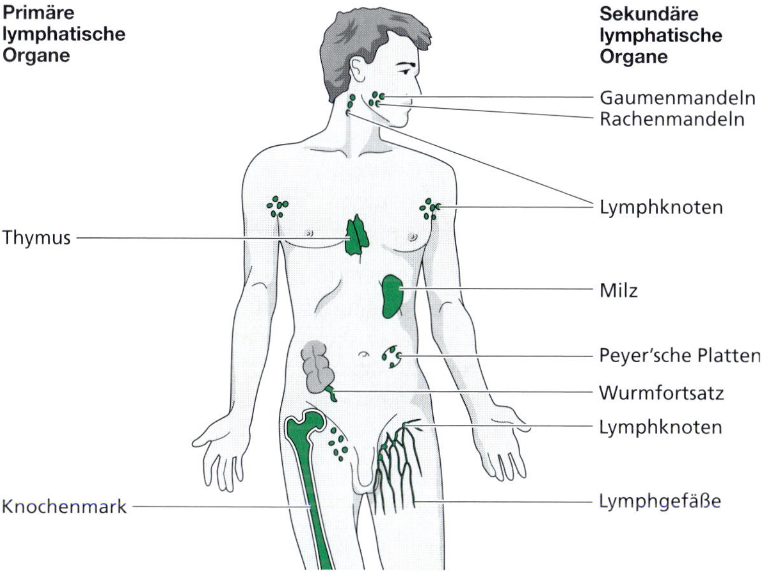

Die Immunzellen reifen in Knochenmark und Thymus.

Gewebe und Organe des lymphatischen Systems sind über den ganzen Körper verteilt.

Primäre lymphatische Organe sind die Produktions- und Reifungsorte der Lymphozyten: Das **Knochenmark** und der **Thymus**.

Diese Organe geben die Lymphozyten in die Blutbahn ab, in der sie zirkulieren, bis sie eines der sekundären lymphatischen Organe erreichen, in denen sie sich bevorzugt aufhalten und ansammeln.

In den **sekundären lymphatischen Organen** treffen die verschiedenen Zellen des Immunsystems miteinander und mit Antigenen zusammen.

Häufig kommt lymphatisches Gewebe in den Schleimhäuten vor, die Atmungs- und Verdauungsorgane auskleiden. Die **Mandeln** (Tonsillen) bilden einen Schutzring im Rachen. Der **Wurmfortsatz** des Blinddarms und die **Peyerschen Platten** des Dünndarms sind mit Gewebe ausgestattet, das reichlich Lymphozyten speichert. Die **Milz** besitzt Reaktionszentren der Antikörperbildung, die in den Blutkreislauf integriert sind. **Lymphknoten** treten gehäuft am Hals, in Schenkel- und Achselbeugen, entlang des Dünndarms und am After auf. Blut- und **Lymphgefäße** (S. 18) transportieren die Lymphozyten zwischen Bildungsorten und Speichern.

Das Lymphgefäßsystem führt die Interzellularflüssigkeit in die Blutbahn zurück.

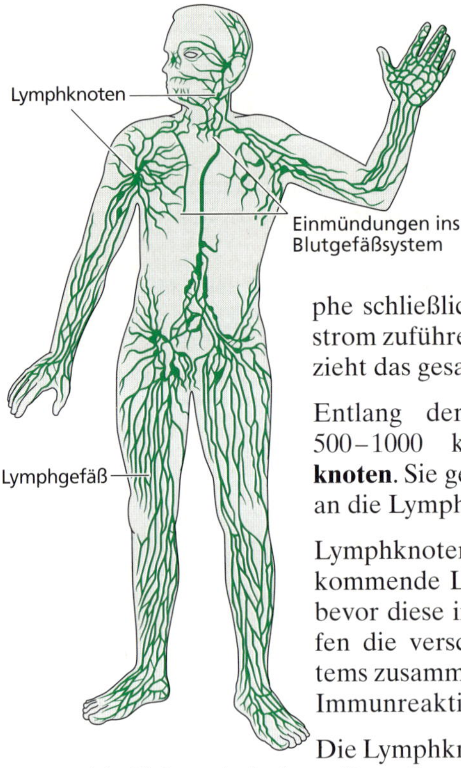

Aus den Blutkapillaren tritt laufend Blutplasma ins Gewebe über und bildet zwischen den Zellen eine klare eiweißreiche Flüssigkeit, die **Lymphe**. Lymphkapillaren nehmen die Lymphe auf, vereinigen sich zu kleinen Lymphbahnen, die in größere münden und die Lymphe schließlich über die Halsvenen dem Blutstrom zuführen. Das **Lymphgefäßsystem** durchzieht das gesamte Bindegewebe.

Lymphknoten sind Zentren der Immunantwort.

Entlang der Lymphbahnen befinden sich 500–1000 kleine, bohnenförmige **Lymphknoten**. Sie geben Lymphozyten in großer Zahl an die Lymphe ab.

Lymphknoten sind Filter, die aus dem Gewebe kommende Lymphe auf Antigene überprüfen, bevor diese in die Blutbahn gelangt. Hier treffen die verschiedenen Zellen des Immunsystems zusammen, die gebraucht werden um eine Immunreaktion auszulösen.

In den Lymphknoten werden Lymphozyten gespeichert, vermehrt, differenziert und aktiviert.

Die Lymphknoten gliedern sich in Bereiche mit unterschiedlichen Aufgaben; die äußere Rinde enthält vor allem B-Lymphozyten, die innere Rinde T-Zellen. In den **Lymphfollikeln** halten sich fast ausschließlich B-Lymphozyten auf, die in der Lymphe das zu ihren Antikörpern passende Antigen suchen. Sobald sie auf das passende Antigen stoßen, wandeln sie sich zu antikörperproduzierenden Plasmazellen um. Durch die Lymphgefäße können Antikörper und Lymphozyten die Lymphknoten verlassen.

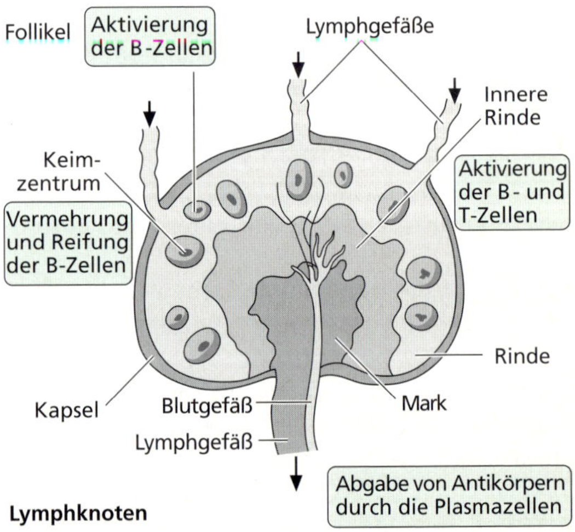

Lymphknoten

In den Lymphknoten arbeiten Phagozyten und Lymphozyten zusammen.

Nach einer Infektion werden in den Lymphknoten besonders viele Phagozyten gebildet. Dann schwellen die Knoten an und werden deutlich tastbar. Manchmal schmerzen sie oder entzünden sich.

Bestimmte maligne (bösartige) Tumoren verbreiten sich bevorzugt in den Lymphbahnen. Befallene Lymphknoten müssen operativ entfernt werden.

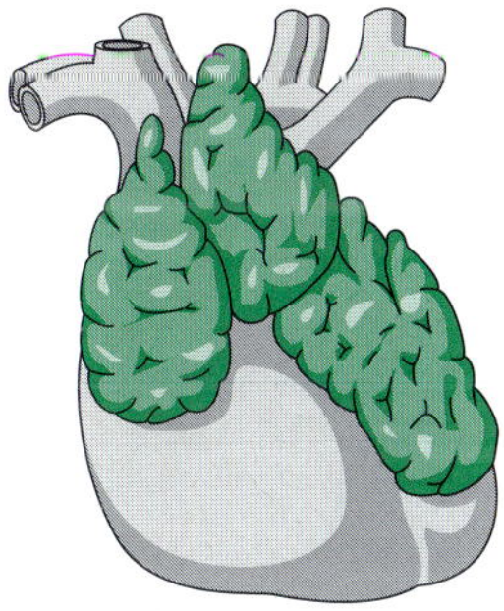

Der Thymus ist Reifungsort der T-Lymphozyten.

Der **Thymus** liegt vorne in der Brusthöhle, unmittelbar über dem Herzen. In der Jugend wiegt er etwa 40 g, nach der Pubertät nimmt sein Umfang stark ab, außerdem wird Thymusgewebe durch Fettgewebe ersetzt. Beim Erwachsenen ist nur noch ein Thymusrestkörper hinter dem Brustbein vorhanden.

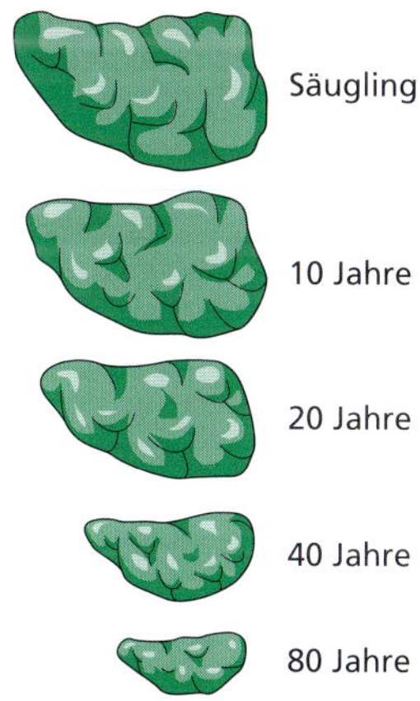

Im Thymus werden für die Abwehr geeignete T-Lymphozyten ausgewählt.

T-Lymphozyten werden im Knochenmark gebildet und wandern zunächst zum Thymus. Dort vermehren sie sich und reifen zu Zellen, die zu einer Immunantwort fähig sind – sie werden **immunkompetent**. In einem Vorgang, den man als **T-Zell-Erziehung** bezeichnet, lernen sie eigene von fremden Zellen zu unterscheiden. Der Thymus sorgt in einem aufwändigen zweistufigen Prozess dafür, dass nur ausgewählte Immunzellen in die Blut- und Lymphbahn gelangen (S. 37). Diese Selektion stellt sicher, dass die Abwehr nicht selbstzerstörerisch wirkt.

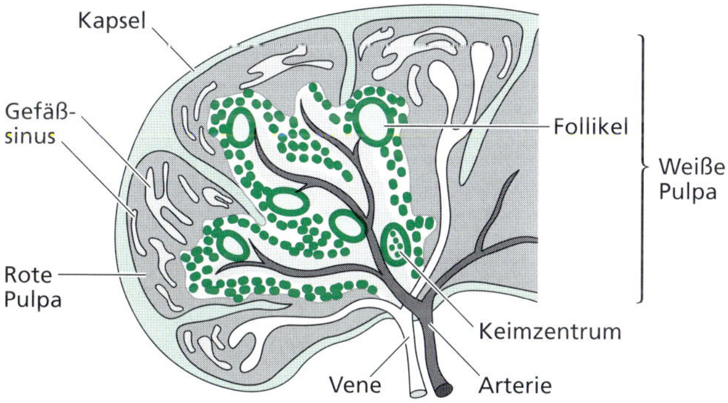

Die Milz ist der immunologische Filter der Blutbahn.

Das größte lymphatische Organ des Menschen ist die **Milz**, ein faustgroßes Organ, das über der Bauchspeicheldrüse im oberen linken Bauchraum liegt. Auch sie ist ein Treffpunkt für Immunzellen, die zwischen Blutstrom und Lymphsystem hin und her wandern. Ihre wichtigste Aufgabe ist, Fremdstoffe, Mikroorganismen und Zellfragmente aus dem Blut zu beseitigen.

Die Milz enthält zwei Gewebetypen:

- Die rote Pulpa entsorgt ausgediente rote Blutzellen;
- die weiße Pulpa besteht aus lympatischem Gewebe. **Milzfollikel** sind um die Arterien angeordnet; sie sind ähnlich gebaut wie die Lymphfollikel. Das lymphatische Gewebe der Milz ist – wie die Lymphknoten – in Räume unterteilt, die sich auf verschiedene Immunzellen spezialisiert haben. Mikroorganismen, die das Blut in die Milz spült, werden hier von Makrophagen aufgenommen und den Lymphozyten präsentiert. In den Follikeln vermehren sich die Lymphozyten; nach Kontakt mit dem passenden Antigen reifen sie zu Plasmazellen, die ihre Antikörper in die Blutbahn abgeben.

Phagozyten nehmen Mikroorganismen auf und verdauen sie.

Phagozytierende Zellen („Fresszellen“) wie neutrophile Granulozyten und Makrophagen (S. 16) haben die Aufgabe, Mikroorganismen zu beseitigen, die in den Körper eingedrungen sind; Makrophagen nehmen außerdem die Trümmer abgestorbener Zellen, kleine Fremdpartikel und Giftstoffe auf.

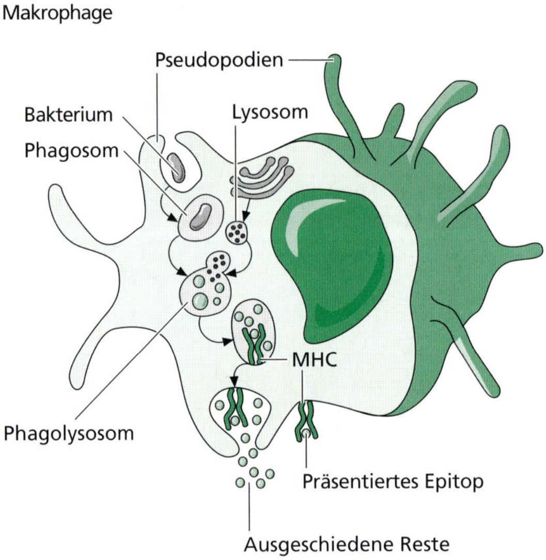

Erkennt ein Phagozyt ein Antigen (ein Bakterium, eine Pilzzelle oder ein Virus), so streckt er seine Pseudopodien aus, greift und umschließt es in einem **Phagosom**, das durch Einstülpung der Zellmembran entsteht. Das Phagosom verschmilzt mit **Lysosomen**, die Enzyme enthalten. Im **Phagolysosom** (Verdauungsbläschen) wird der Mikroorganismus durch Veränderung des pH-Werts und die Wirkung verschiedener Enzyme getötet und verdaut.

Phagozyten können nicht alle Keime ausschalten.

Mikroorganismen ohne Schleimhülle können von den Phagozyten schnell vernichtet werden; Zellen mit einer Schleimkapsel werden dagegen nur dann erkannt und aufgenommen, wenn sie zuvor von Antikörpern bedeckt wurden. Manche Keime, wie Mycobakterien, können im Phagolysosom überleben, sich dort vermehren und ihrerseits die Phagozyten umbringen.

Antigene werden auf MHC-Rezeptoren präsentiert

Beim Abbau von Proteinen im Phagolysosom entstehen Bruchstücke aus bis zu 20 Aminosäuren. Diese Peptide werden an MHC-Moleküle geheftet, die an die Zelloberfläche wandern und dort präsentiert werden. Diese **Präsentation** der Antigene alarmiert die T-Zellen und leitet damit die spezifische Immunantwort ein. Die T-Zellen wiederum aktivieren in den Makrophagen eine Reihe von Abwehrsystemen, die diese in die Lage versetzen, auch solche Bakterien abzutöten, die innerhalb der Makrophagen leben.

Antigenpräsentierende Zellen lösen die spezifische Immunantwort aus.

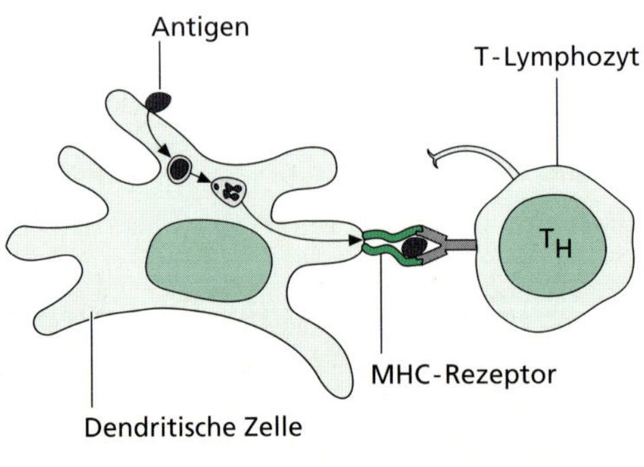

Zu den antigenpräsentierenden Zellen (APC’s) zählen neben den Makrophagen auch B-Lymphozyten. Die wichtigsten Zellen zur Einleitung einer Immunantwort sind die **dendritischen Zellen**. Ihre große Oberfläche mit vielen MHC-Rezptoren macht sie besonders geeignet zur **Antigen-Präsentation**.

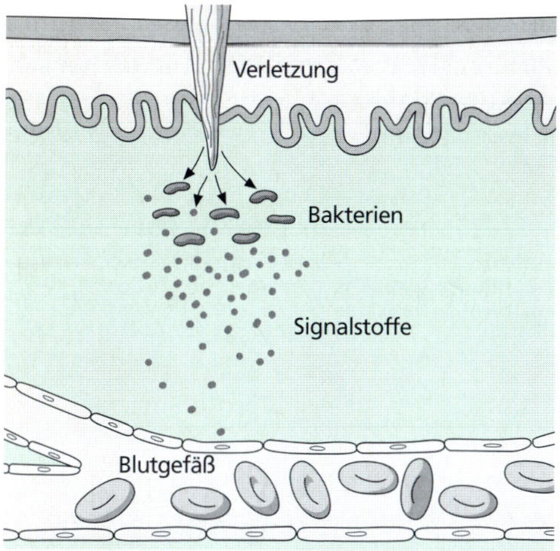

Verletzungen, Hitze oder Gifte können das Gewebe schädigen und eine lokale Entzündungsreaktion auslösen. Durch eine Verletzung der Haut können Mikroorganismen eindringen.

Eine Entzündung ist eine Abwehrreaktion gegen schädigende Reize.

Zellen des verletzten Gewebes und basophile Granulozyten setzen Signalstoffe, z. B. Histamin, frei. Nach einer kurzen Phase der Blässe – ein Zeichen geringerer Durchblutung – tötet sich das Gewebe und wird heiß.

Symptome einer Entzündung sind

- *Erwärmung,*
- *Rötung,*
- *Schwellung,*
- *Schmerz.*

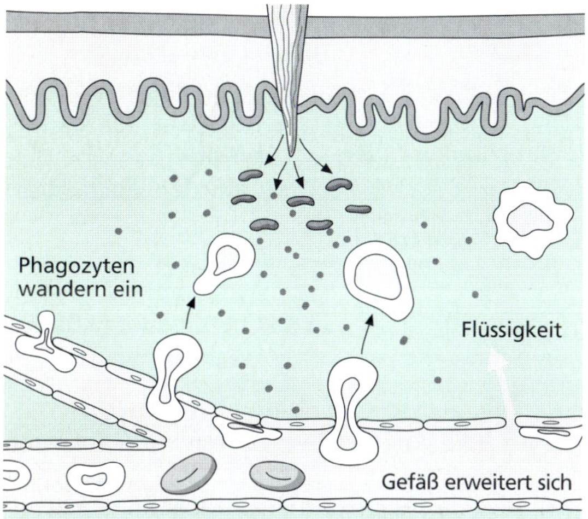

Kleine Blutgefäße im verletzten Gewebe erweitern sich und steigern die Blutversorgung. Die Wände der umliegenden Kapillaren werden durchlässiger für das Blutplasma und die Blutzellen. Das Gewebe schwillt an und schmerzt. Etwa eine Stunde nach der Verletzung beginnen Immunzellen in das Gewebe einzuwandern.

Phagozyten können die Blutbahn verlassen und ins Gewebe einwandern.

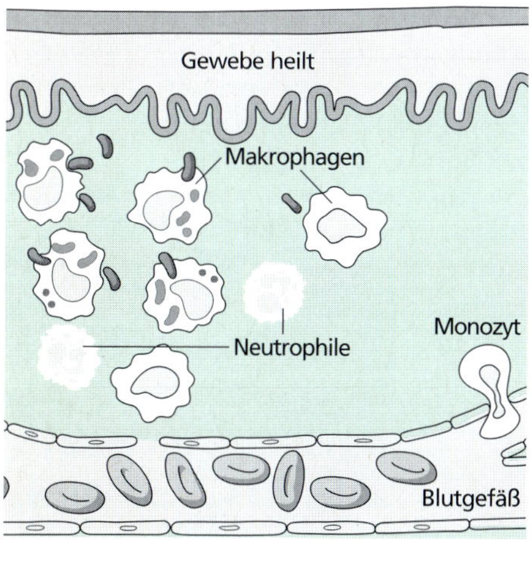

Zuerst kommen neutrophile Granulozyten, gefolgt von Monozyten, die sich im Gewebe zu Makrophagen wandeln.

Die Abwehrzellen sammeln sich am Ort der Infektion.

Die Phagozyten vertilgen Mikroben, abgestorbene Zellen und Zelltrümmer. Dabei gehen viele von ihnen zugrunde; sie bilden zusammen mit abgestorbenen Geweberesten und Lymphe den Eiter.

Ist das schädigende Agens beseitigt, so kann das Gewebe wieder heilen.

Das Komplementsystem ergänzt und unterstützt die Arbeit der Antikörper

Das Komplementsystem (= „Ergänzungssystem") besteht aus einer Serie von 25 Enzymen und Enzym-Vorstufen, die die Arbeit der Antikörper bei der Zerstörung von Bakterien unterstützen und ergänzen. Es spielt bei der Beseitigung von Antigen-Antikörper-Komplexen eine entscheidende Rolle.

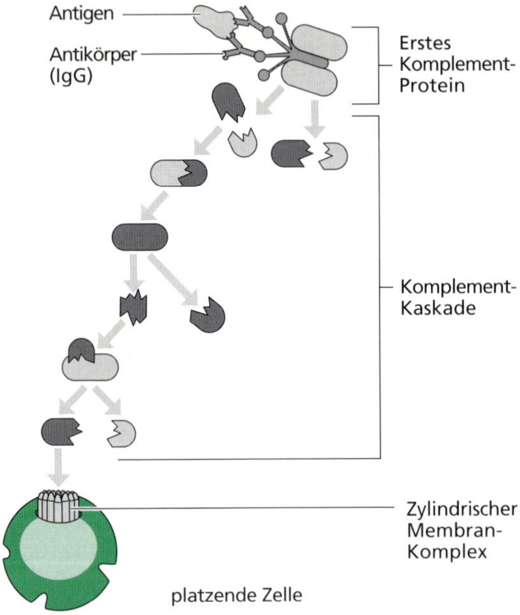

Leberzellen und Makrophagen bilden die Komplement-Proteine und geben sie in inaktiver Form ins Blut, wo diese etwa 4% der Plasmaproteine aus machen.

In einer Kettenreaktion löst die Aktivierung eines Enzyms die Aktivierung des nächsten aus.

Entsteht in der Blutbahn ein **Antikörper-Antigen-Komplex**, so aktiviert dieser das erste Komplement-Protein. Dieses bindet sich an den Antikörper und startet die Enzymkaskade. Die Enzyme des Komplements werden nacheinander aktiv, jedes stimuliert das nächste in der Kette, die als **„Komplement-Kaskade"** bezeichnet wird.

Das Komplement ...
- *opsonisiert,*
- *beseitigt Immunkomplexe,*
- *steigert die Permeabilität,*
- *zerstört die Membranen von Bakterien.*

Die Komplement-Proteine ...
- erhöhen die Wirksamkeit der Phagocytose; sie umhüllen (opsonisieren) die Zielzellen, so dass diese leichter von den Phagozyten aufgenommen werden;
- verändern die Antigen-Antikörper-Komplexe so, dass sich keine zu großen und unlöslichen Aggregate bilden. (Dabei lösen sie entzündliche Reaktionen aus; ein Nebenprodukt bringt Mastzellen und Basophile dazu ihren Inhalt abzugeben, der die Rötung, die Wärme und das Anschwellen des entzündeten Gewebes erzeugt.);
- steigern die Durchlässigkeit der Gewebe für Plasmaproteine;
- durchlöchern die Zellmembran der Bakterien. Nach dem letzten Schritt der Kaskade lagern sich mehrere Komponenten des Komplements zu Hohlzylindern zusammen, die die Zellmembran des Bakteriums durchlöchern. Plasma strömt aus, Flüssigkeit dringt in die Zelle ein, das Bakterium schwillt an und platzt.

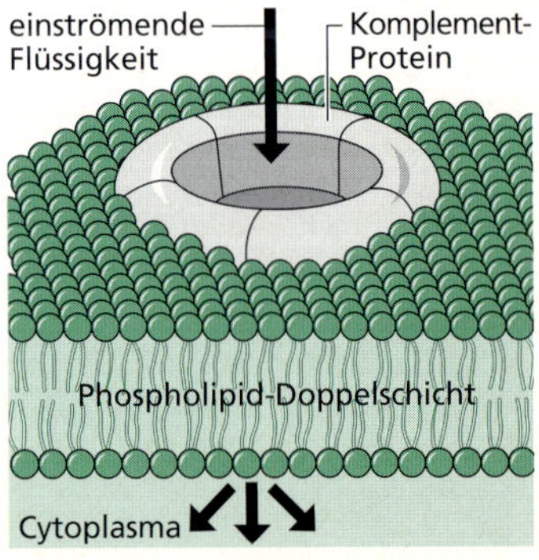

Ein alternativer Weg der Komplement-Kaskade wird unmittelbar von den Antikörpern gestartet.

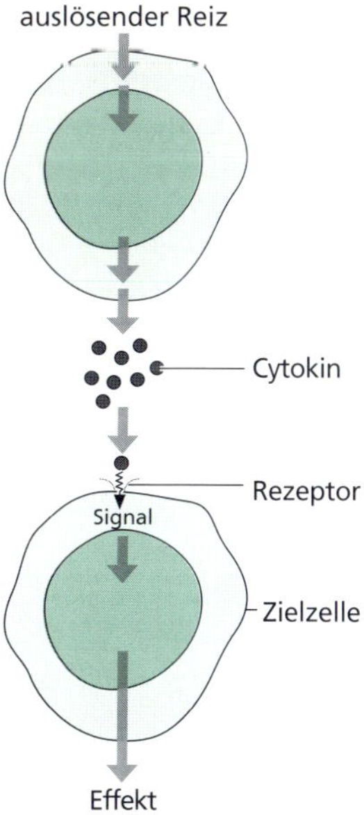

Die Zellen des Immunsystems kommunizieren miteinander durch direkten Kontakt und über chemische Stoffe: die **Zytokine**.

Zytokine regulieren die Immunantwort

Zytokine sind wasserlösliche Proteine, die als Hauptregulatoren für die Immunantwort gelten. Je nachdem, ob sie von Lymphozyten oder von Monozyten ausgeschieden werden, heißen sie Lymphokine oder Monokine.

1957: Alick Isaacs und Jean Lindenmann entdecken Interferon in Embryonalzellen von Hühnern.

Zytokine wirken indirekt, ohne in die Zellen einzudringen, indem sie sich an Rezeptoren an der Außenseite anderer Zellen heften. Sie unterstützen das Zellwachstum, fördern die Aktivierung von Zellen, regeln ihre Bewegung, zerstören Zellen und rufen Entzündungen hervor. Dabei spielen sowohl einseitige oder gegenseitige Anregung, Aufschaukelung, zeitliche Verzögerung, gegenseitige Hemmung und Wirkungskaskaden eine Rolle. T-Helferzellen regen durch Lymphokine die B-Lymphozyten zur Vermehrung an und fördern die Antikörperproduktion.

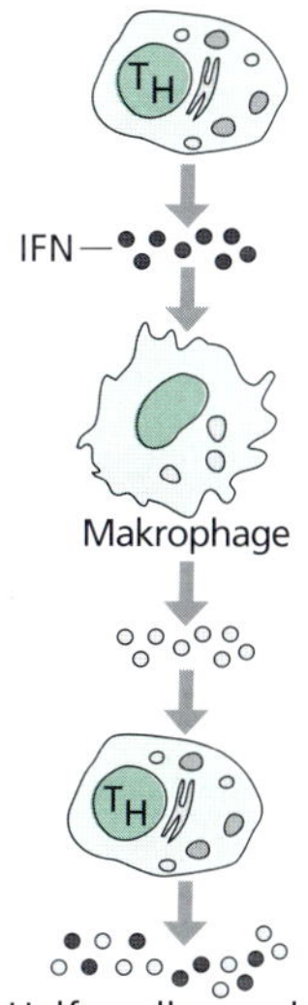

Helferzellen und Makrophagen können sich gegenseitig aktivieren

Gentechnisch gewonnene Zytokine werden bei Krebs, Blutkrankheiten und Immundefizienz (einschließlich AIDS), und bei Knochenmarkstransplantation eingesetzt. Die Zytokine rufen Entzündungen, Fieber und Unwohlsein hervor.

Man kennt viele verschiedene Zytokine, die man meist nach ihrer Aufgabe benennt; allerdings kann ein Zytokin je nach Zielzelle verschiedene Wirkungen haben – andererseits können verschiedene Zytokine denselben Effekt auslösen.

- Ein Zytokin hemmt die Wanderung der Makrophagen und führt so zu Ansammlungen von Makrophagen im Gewebe.
- Der T-Zell-Wachstumsfaktor stimuliert die Vermehrung von T-Lymphozyten.
- Die am besten bekannte Gruppe der Lymphokine sind die Interferone.

Interferone (IFN) sind Glykoproteine (Zucker-Eiweiß-Verbindungen), die bei Virenbefall von den Körperzellen produziert und in die Blutbahn oder die interzellulare Flüssigkeit freigesetzt werden. Sie hemmen die Vermehrung der Viren und können so ihre Ausbreitung wirksam beschränken.

Interferone wirken vor allem gegen Viren

Interferon aktiviert auch die **natürlichen Killerzellen** (NK), eine Sorte von Lymphozyten, die man im Blut und im Gewebe findet. Man nennt sie „natürliche“ Killer, weil sie im Gegensatz zu den B- und T-Lymphozyten ohne vorherigen Kontakt mit einem Antigen virusinfizierte Zellen und Krebszellen zerstören. Natürliche Killerzellen erkennen Veränderungen auf der Zellmembran, binden sich an diese und setzen Stoffe frei, die die Membran durchlöchern. Flüssigkeit tritt in die Ziel-Zelle ein und bringt sie zum Platzen.

Natürliche Killerzellen zerstören veränderte Zellen bevor die spezifische Immunantwort in Gang kommt.

Die spezifische Immunantwort ist exakt auf den angreifenden Erreger abgestimmt.

Im Gegensatz zur natürlichen Resistenz beantwortet die **spezifische Abwehr** jeden Angriff mit einer exakt auf den Aggressor abgestimmten Antwort. Ausgeführt wird dieser Gegenschlag durch **B-** und **T-Lymphozyten**. Jede dieser Zellen ist in der Lage unter Millionen unterschiedlicher Antigene ihren spezifischen Gegner zu erkennen und anzugreifen. Die spezifischen Reaktionen sind effizienter als die unspezifischen, außerdem besitzen sie ein Gedächtnis, das die Reaktionszeit bei einem erneuten Angriff derselben Erreger verkürzt und den Erfolg der Abwehr deutlich erhöht; sie haben den Nachteil, dass einige Tage vergehen, bevor sie wirksam werden.

Die Immunreaktion beruht auf der Fähigkeit der Antikörper Antigene zu erkennen und mit ihnen zu reagieren.

Die durch die **B-Lymphozyten** hervorgerufene **humorale Immunantwort** resultiert in einer **Antikörperbildung** gegen ein ganz bestimmtes Antigen.

Bei der Immunreaktion verbinden sich Antikörper mit Antigenen kraft passender Bindungsstellen auf beiden Molekülen, die wie Teile eines Puzzles zusammenpassen.

Die Antigen-Antikörper-Reaktion beruht auf der Anziehung gegensätzlich geladener Ionen und der Wechselwirkung zwischen polaren (hydrophilen) und unpolaren (hydrophoben) Gruppen.

Antikörper können Antigene ...
... verklumpen,
... ausfällen,
... umhüllen,
... blockieren,
... immobilisieren
oder
... das Komplement aktivieren.

Meist zerstören die Antikörper das Antigen nicht unmittelbar, aber sie neutralisieren dessen krankmachende Wirkung. Je nach der Natur des Antigens ist das Ergebnis der Reaktion unterschiedlich:

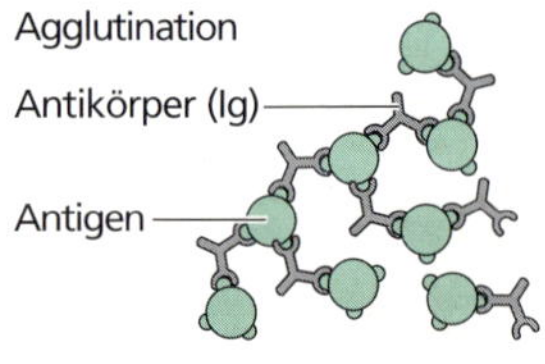

- Bakterien oder Viren werden durch die Antikörper miteinander verklumpt. Diese **Agglutination** macht es den Phagozyten leichter, das Antigen aufzunehmen und zu verdauen.
- Ist das Antigen eine lösliche Substanz, z. B. ein Bakteriengift, dann kann sie als Antigen-Antikörper-Komplex ausgefällt werden: **Präzipitation**. Antikörper, die bakterielle Gifte unschädlich machen, bezeichnet man auch als Antitoxine.

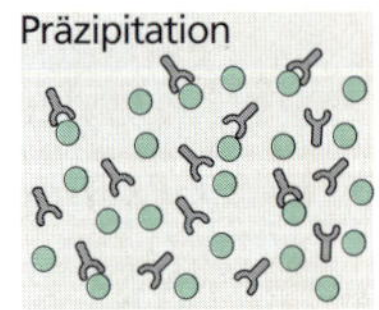

- Antikörper ummanteln Mikroben und infizierte Zellen (**Opsonisierung**) und markieren sie dadurch zur Aufnahme durch Fresszellen. Makrophagen beseitigen schließlich alle markierten Strukturen.

Opsonisierung

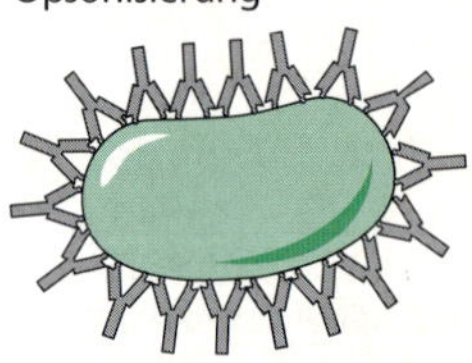

- Antikörper heften sich an das Protein, mit dem das Virus gewöhnlich an die Wirtszelle andockt, und hindern es daran, in Zellen zu gelangen.
- Antikörper immobilisieren Bakterien-Geißeln und behindern deren Bewegung im Körper.
- Antigen-Antikörper-Komplexe entfesseln das Komplement-System (S. 22).

Im Labor lassen sich mit Hilfe der Immunreaktion sowohl Antigene als auch Antikörper nachweisen. Immunoassays sind quantitative Verfahren zur Bestimmung von Substanzen geringer Konzentration. Mit Immunoassays lassen sich alle Substanzen bestimmen, gegen die Antikörper erzeugt werden. Oft wird der Antikörper mit einer Markersubstanz verbunden, z. B. einem fluoreszierenden Stoff, einem radioaktiven Molekül oder einem Enzym.

B-Zellen sind auf die Abwehr von Bakterien spezialisiert. Jede B-Zelle ist programmiert **eine** spezifische Antikörper-Sorte herzustellen. So macht z. B. eine B-Zelle einen Antikörper, der ein Grippe-Virus eines bestimmten Stammes blockiert, während eine andere nur Antikörper baut, die Cholera-Bakterien unschädlich machen. Auch alle Plasmazellen, die aus dieser B-Zelle hervorgehen, machen denselben Antikörper, maßgeschneidert für das Antigen, das seine Bildung ausgelöst hat.

B-Zellen sind spezialisiert:

Eine Zelle – ein Antikörper

B-Zellen reifen in zwei Phasen.

1. Antigen-unabhängige Phase im Knochenmark

B-Lymphozyten werden im Knochenmark aus Stammzellen gebildet. Dort reifen sie zu antigensensitiven Zellen. Sie produzieren Antikörper, die sie in ihre Membran einbauen und die als Antigen-Rezeptoren wirken.

Antigen-sensitive B-Lymphozyten *tragen antigenspezifische Rezeptoren, nehmen Antigene auf und präsentieren sie.*

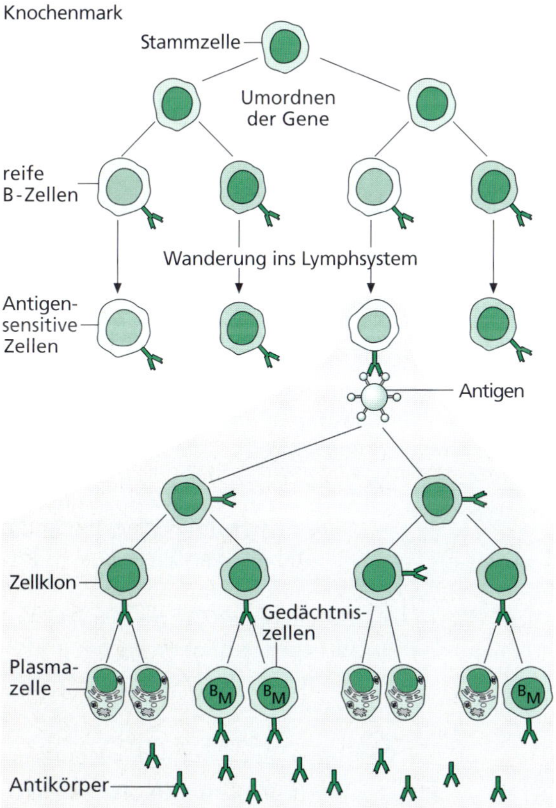

Die **antigensensitiven Zellen** wandern zur Milz, in die Lymphknoten, den Wurmfortsatz und die Mandeln.

2. Antigen-abhängige Phase im Lymphsystem

Die weiteren Entwicklungsschritte laufen nur ab, wenn eine Zelle Kontakt mit einem passenden Antigen aufnimmt und zusätzlich ein Startsignal von einer T-Zelle erhält (S. 26). Die so aktivierte Zelle beginnt sich zu teilen und erzeugt einen **Klon** von Tochterzellen.

Plasmazellen *sind aktivierte B-Lymphozyten, die viele Antikörper herstellen.*

Die meisten Tochterzellen wandeln sich zu **Plasmazellen** (PZ) und beginnen mit der Abgabe von **Antikörpern**, die untereinander und mit dem Membranrezeptor der Mutterzelle identisch sind. B-Zellen haben eine kurze Lebensdauer. Einige Zellen des Klons differenzieren sich zu langlebigen **Gedächtniszellen** (B_M). Gedächtniszellen sind viel kleiner als Plasmazellen. Sie können lange Jahre im Körper bleiben und werden erst dann aktiv, wenn das gleiche Antigen noch einmal auftaucht: Dann vermehren sie sich durch Zellteilungen, wandeln sich sehr schnell in Plasmazellen um und stellen Antikörper her.

B-Gedächtniszellen *haben eine hohe Lebensdauer, vermehren sich sofort nach erneutem Kontakt mit Antigen und werden zu Plasmazellen.*

Die humorale Antwort zielt besonders auf Bakterien.

B-Zellen und die von ihnen hergestellten Antikörper sind die wichtigsten Waffen im Kampf gegen Bakterien.

Humorale Immunität ist die durch Antikörper vermittelte Antwort des Immunsystems auf eine Infektion.

Die humorale Antwort besteht aus drei Phasen:

1. Aktivierungsphase: *Das Antigen reagiert mit spezifischen Lymphozyten.*

2. Differenzierungsphase: *Aktivierte Lymphozyten vermehren sich und werden zu Plasmazellen.*

3. Effektorphase: *Die Antikörper üben ihre Wirkung aus.*

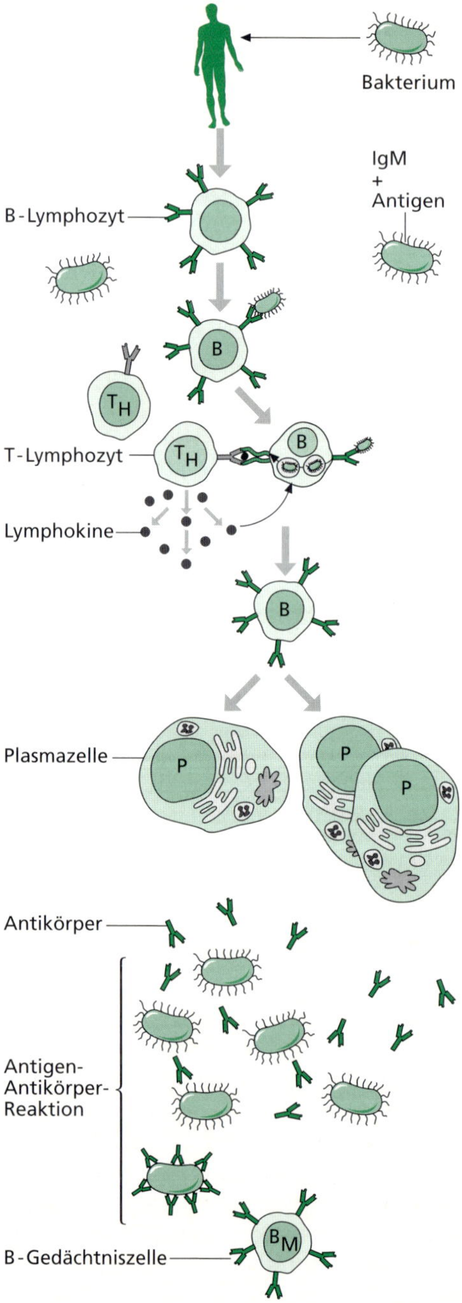

Ein fremdes Bakterium tritt in den Körper ein und gelangt über Blutstrom oder Lymphe in ein lymphatisches Organ.

Trifft eine B-Zelle ein Antigen, dessen Epitope auf ihren Rezeptor passen, so nimmt sie dieses auf und verdaut es.

Bruchstücke des Antigens verbindet sie mit MHC-Rezeptoren und präsentiert sie.

Diese Kombination zieht eine passende aktivierte T-Helferzelle an, die Lymphokine ausschüttet.

Die Lymphokine erlauben es der B-Zelle sich zu teilen. Sie lässt einen Klon von Tochterzellen entstehen, die sich innerhalb weniger Tage zu Plasmazellen entwickeln.

Der Zellklon stellt Millionen Antikörpermoleküle her, die alle die gleiche Form und Spezifität haben und gibt sie an den Blutstrom ab. Wenn sich der Antikörper mit dem Antigen verbindet, ist dieses zur Zerstörung markiert.

Einige der Zellen des Zellklons differenzieren sich zu Gedächtniszellen, die über Jahre hinweg im Blutstrom zirkulieren.

Die Produktion von Antikörpern hält so lange an, bis die Plasmazelle von einer T-Unterdrückerzelle das Signal zum Produktionsstop erhält.

Warum passen eigentlich Antikörper und das Epitop des Antigens wie maßgeschneidert aufeinander?

Die Instruktionstheorie sieht den Antikörper als Abdruck des Antigens.

Die **Instruktionstheorie** der Antikörperbildung sagt aus, dass beim ersten Kontakt mit einem Antigen dem Antikörper die komplementäre Struktur des Epitops eingeprägt wird. Diese Theorie gilt heute als überholt.

1957: FRANK MACFARLANE BURNET stellt die Hypothese der klonalen Selektion auf.

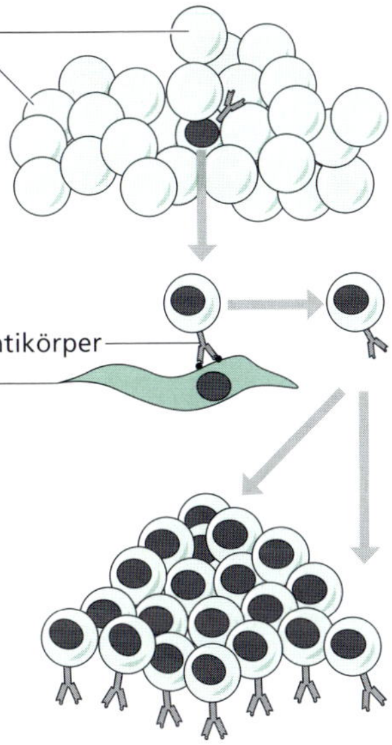

Nach der **Klon-Selektions-Theorie** der erworbenen Immunität stellt jede Zelle genau **eine** Sorte Antikörper her. Die unzähligen verschiedenen Lymphozyten, die das Immunsystem nach dem Zufallsprinzip erzeugt, decken in ihrer Gesamtheit alle erdenklichen Antigene ab.

Nach der Klon-Selektions-Theorie wählt das Antigen die Zelle mit dem passenden Antikörper zur Vermehrung aus.

Kommt das Immunsystem mit irgendeinem Antigen in Kontakt, so wird genau diejenige B-Zelle aktiviert, deren Antikörper zu diesem Antigen passt. Nur dieser Lymphozyt wird zur Teilung und zur Massenproduktion des Antikörpers angeregt.

Es entsteht ein Zellklon, eine Gruppe genetisch identischer Zellen, die Antikörper mit gleichem Angriffsziel herstellen.

Die Stärke der Hypothese BURNETS liegt in ihrer Einfachheit und ihren weit reichenden Erklärungen. Sie gilt nicht nur für B-Zellen, sondern auch für die T-Lymphozyten (S. 37).

1. Jede Immunzelle kann nur eine spezifische Antikörperform bilden: **eine Zelle – ein Antikörper!**
2. Die Spezialisierung eines Antikörpers auf ein Epitop erfolgt, **bevor** die Zelle Kontakt mit dem passenden Antigen hatte.
3. Da der Körper Millionen verschiedener Antigene erkennt, muss er mindestens ebenso viele verschiedene Antikörper (etwa 10^8) herstellen.
4. Der Kontakt des Lymphozyten mit dem passenden Antigen löst seine Vermehrung zu einem Zellklon und die Bildung von Antikörpern aus. Bei der **klonalen Selektion** wählt jedes Antigen selbst die Zellen aus, deren Nachfahren es später vernichten werden.

Wenn aber die Antigen-Spezifität wirklich ein Zufallsprodukt ist, müsste es unter den Zellen auch solche geben, die gegen körpereigene Moleküle gerichtet sind. Nach der Selektionstheorie werden solche gefährlichen Klone während der Reifung zerstört. Die Toleranz gegenüber Selbst-Antigenen kommt also dadurch zustande, dass der natürliche Schutzschild jeweils an strategisch richtiger Stelle durchlöchert wird.

Die Zellen des Immunsystems unterliegen einer natürlichen Selektion, ähnlich wie das CHARLES DARWIN in seiner Selektionstheorie für die Arten formulierte.

Das Immunsystem kennt eine fast unbegrenzte Anzahl von Antikörpern.

1975: Susumu Tonegawa entwirft das Modell der somatischen Rekombination.

Bei der somatischen Rekombination werden die Gene für Antikörper umgelagert.

5 Umstände sind für die Vielfalt der Antikörper verantwortlich:

- ***Schon in der Stammzelle gibt es einige hundert unterschiedliche Gene.***
- ***In jeder Zelle vereinigen sich andere DNA-Abschnitte zufällig zu einem Mosaik neuer Gene.***
- ***Beim Zusammenbau werden neue Basenpaare eingefügt.***
- ***Verschiedene schwere und leichte Ketten werden zum Antikörper kombiniert.***
- ***Es finden Punktmutationen statt.***

Der menschliche Körper kann alle erdenklichen Antigene selektiv erkennen und stellt für jedes einen passenden Antikörper her. Wie kommen so viele verschiedene Formen zustande? Nach der Ein-Gen-ein Polypetid-Hypothese wird jedes Protein durch ein anderes Gen codiert. Nach dieser Hypothese bräuchte der Körper Millionen verschiedener Gene allein für die Immunglobuline.

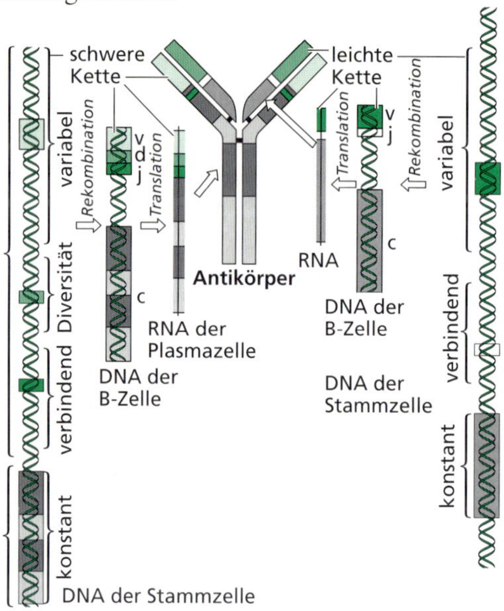

Das Immunsystem löst dieses Problem sehr effektiv: Durch genetische Rekombinationen während der Lymphozytenreifung entstehen fortwährend neue Erbanweisungen für Antikörper. DNA-Abschnitte der Stammzellen werden wie Klötze eines Baukastens zu den Genen der Lymphozyten zusammengestellt. Der Baukasten für Antikörper-Gene enthält einige hundert V-Gene (variabel), zehn D-Gene (Diversität) und vier J-Gene (*joining* = verbindend) für die variable Kette, dazu einige C-Gene (*constant*) für die konstante Region. Wenn eine B-Zelle reift, werden die Gene gestückelt, gemischt und neu geordnet. Anfangs weit entfernt voneinander stehende DNA-Abschnitte werden dabei zusammengebracht. Dazwischen liegende DNA wird entfernt. So entstehen aus der Gensequenz der Stammzelle ganz unterschiedliche V-D-J-C Gene für schwere, und V-J-C Gene für leichte Ketten. Ungenauigkeiten beim Zusammenbau der neuen Gene tragen zu weiterer Variabilität bei. Insgesamt stellt der Körper etwa 10^8 verschiedene Antikörper her.

Das so zusammengestellte Gen ist einmalig, genauso einmalig ist der Antikörper, den es codiert. **Jede reifende B-Zelle baut ein eigenes Gen für die Antikörperproduktion zusammen.** Wenn sich die B-Zelle vermehrt, so machen zunächst alle ihre Nachkommen identische Antikörper. Bei den folgenden Teilungen ereignen sich immer wieder **Mutationen**. Die Mutanten sind weitere Basis für die Selektion neuer Antikörperformen. Nicht alle so entstandenen Rezeptoren sind gleichermaßen nützlich. Daher eliminiert das Immunsystem Zellen mit unnützen oder autoreaktiven Rezeptoren.
Als Ergebnis dieser Vorgänge kann eine begrenzte Zahl von Genen Antikörper codieren, die eine schier unbegrenzte Zahl von Antigenen erkennen. Die Rekombination der Gene findet bereits während der Entwicklung des Fötus statt, so dass ein Kind mit einem Arsenal von Millionen verschiedener programmierter Lymphozyten zur Welt kommt.

Die spezifische Immunreaktion ist trainierbar.

Beim ersten Kontakt mit einem Antigen ist erst nach 10 bis 14 Tagen eine Immunreaktion – **die Primärantwort** – erkennbar. So lange braucht der spezifische Plasmazell-Klon um auf Angriffsstärke heranzuwachsen. Bei einer zweiten Begegnung mit demselben Antigen reagiert die Abwehr – die Sekundärantwort – viel rascher und bedeutend stärker.

Phasen der Immunantwort:
- *1. Latenzphase*
- *2. log-Phase*
- *3. Plateauphase*
- *4. Abklingphase*

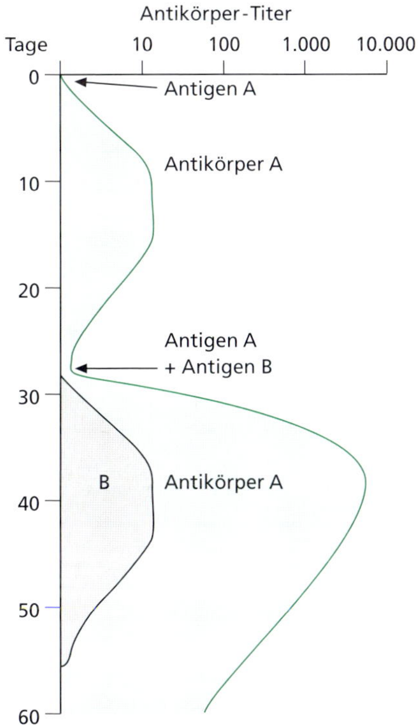

Verlauf der **Primärantwort**:

Während der **Latenzphase** können keine Antikörper nachgewiesen werden.
In der log-Phase steigt die Antikörper-Konzentration logarithmisch an ...

... bis die **Plateauphase** erreicht ist.

Während der **Abklingphase** werden Antikörper abgebaut. Die Gedächtniszellen überleben.

Primärantwort:
- *langsamer Start*
- *geringe Antikörper-Konzentration*
- *kurze Dauer*
- *IgM-Antikörper*

Bei der **Sekundärantwort** ist die **Latenzphase** verkürzt, die Antikörperproduktion setzt sofort ein und steigt steiler an.

Die **Plateauphase** ist erhöht; die Plasmazell-Klone sind größer, die Antikörperproduktion ist stärker.

Die Zahl der Antikörper im Blutserum nimmt nur langsam ab.

Sekundärantwort:
- *schneller Start*
- *hohe Konzentration*
- *lang anhaltend*
- *IgG (IgA, IgE)*

Die Sekundärantwort betrifft nur solche Antigene, auf die früher eine Primärantwort erfolgte (vgl. Antigen A und Antigen B)!

Für das immunologische Gedächtnis sind Gedächtniszellen verantwortlich.

Die Ursache für die **erworbene Immunität** liegt darin, dass aktivierte Lymphozyten unter ihren Nachkommen auch langlebige **Gedächtniszellen** (B_M, T_M; *memory cells*) bilden. Kommt der Körper mit dem gleichen Antigen noch einmal in Kontakt, so beginnen die Gedächtniszellen sofort mit der Produktion von Antikörpern. Die Krankheitskeime werden vernichtet, bevor sie eine schädigende Wirkung entfalten.

Bei einigen Infektionskrankheiten versagt die erworbene Immunität, weil die Erreger ihre Epitope immer wieder ändern. Antikörper und Gedächtniszellen sind bei den neuen Varianten nutzlos, die Abwehr muss neu aktiviert werden.

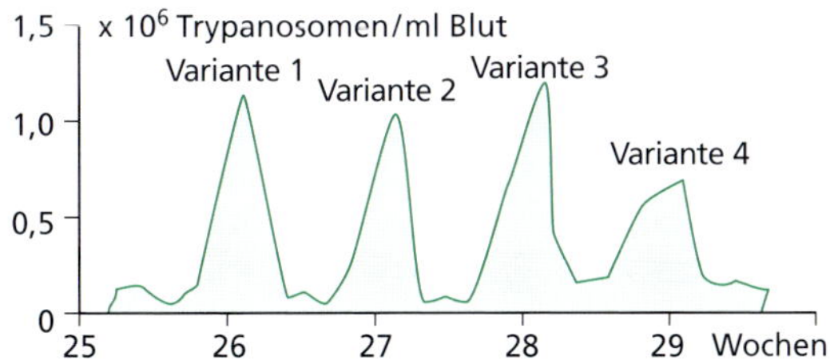

Trypanosomen, die Erreger der Schlafkrankheit, bilden häufig Varianten mit neuen Epitopen.

Ändern die Erreger ihre Epitope, so ist das immunologische Gedächtnis wirkungslos.

Die Schutzimpfung aktiviert und erweitert das immunologische Gedächtnis.

Bei einer Schutzimpfung werden **Antigene** in den Körper gebracht. Die Impfstoffe enthalten Mikroorganismen oder Teile davon, die nicht in der Lage sind, eine Krankheit hervorzurufen, weil sie geschwächt sind oder abgetötet wurden. Die Antigene lösen eine Immunreaktion aus, der Körper bildet Antikörper und Gedächtniszellen. Greift später ein Krankheitserreger an, so kann er dem Geimpften wenig anhaben: Die Gedächtniszellen ermöglichen eine sofortige und heftige Reaktion des Immunsystems.

Bei der aktiven Immunisierung wird der Körper durch Gaben von Antigenen selbst zur Bildung von Antikörpern und Gedächtniszellen angeregt.

1796: EDWARD JENNER impft ein Kind mit Kuhpockenviren, um es gegen Pocken zu immunisieren.

1885: LOUIS PASTEUR impft mit abgeschwächten Tollwutviren.

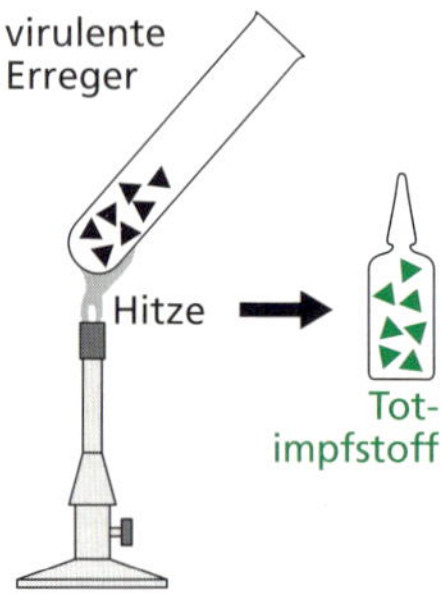

Totimpfstoffe aus abgetöteten Mikroben bzw. nicht vermehrungsfähigen, inaktivierten Viren lösen die Bildung antiviraler oder antibakterieller Antikörper aus. Bei Typhus und Paratyphus impft man inaktivierte Bakterien, gegen Polio nach SALK durch Formaldehyd und Wärme abgetötete Viren.

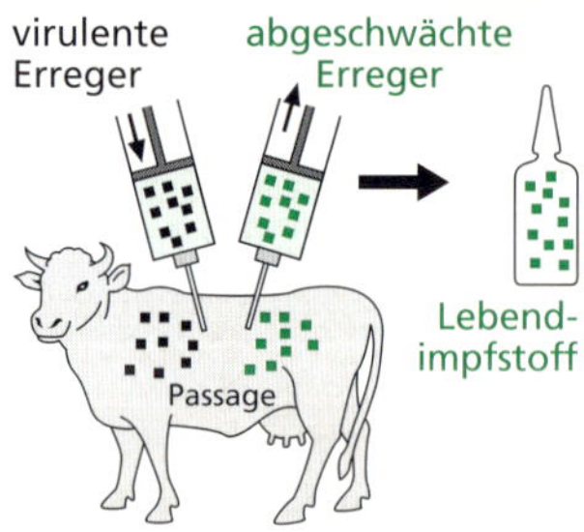

Lebendimpfstoffe aus vermehrungsfähigen, aber in ihrer Virulenz abgeschwächten (attenuierten) Erregern lösen eine abgeschwächte Erkrankung aus und verleihen damit anhaltenden Immunschutz. Gegen Pocken werden Kuhpocken-Viren geimpft, gegen Polio (Kinderlähmung) nach SABIN in Zellkulturen gezüchtete Viren.

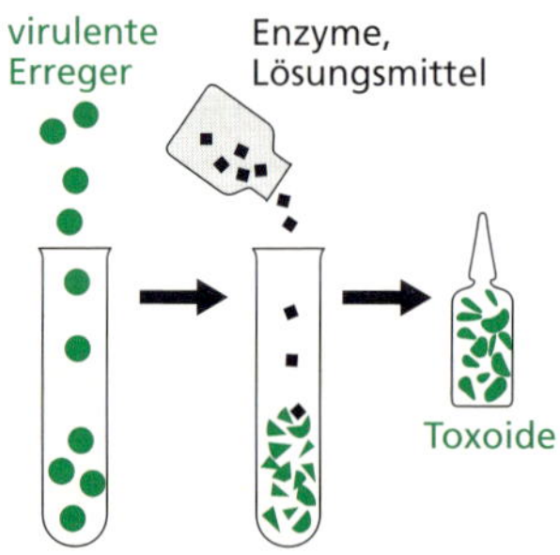

Toxoide, das sind in ihrer Wirkung abgeschwächte Toxine (Giftstoffe) von Krankheitserregern, können die Bildung von Antitoxinen auslösen. Antitoxine sind Antikörper, die Giftstoffe neutralisieren. Gegen Diphtherie, Keuchhusten und Tetanus (Wundstarrkrampf) wird mit gereinigten, durch Formaldehyd abgeschwächten Toxoiden geimpft.

Der Impfschutz muss gegebenenfalls aufgefrischt werden.

Ausmaß und Dauer der erworbenen Immunität hängen vom Typ des Antigens ab, von dessen Menge und der Art, wie es den Körper angreift. Auch die erbliche Konstitution des Geimpften spielt eine Rolle. Oft reicht *eine* Schutzimpfung nicht für eine lebenslängliche Immunität aus, sie muss in bestimmten Zeitabständen wiederholt werden. Bei einer Auffrischungsimpfung tritt oft der **Booster-Effekt** ein: Eine kleine Antigendosis erhöht die Zahl der Antikörper außerordentlich stark und sehr schnell.

Der Impfschutz umfasst Individuen und Populationen.

Wenn der Impfschutz in der Bevölkerung abfällt – die Grenze liegt bei ungefähr 80 bis 85 Prozent für den Durchimpfungsgrad –, dann muss man damit rechnen, dass es früher oder später zu einer Epidemie kommt.

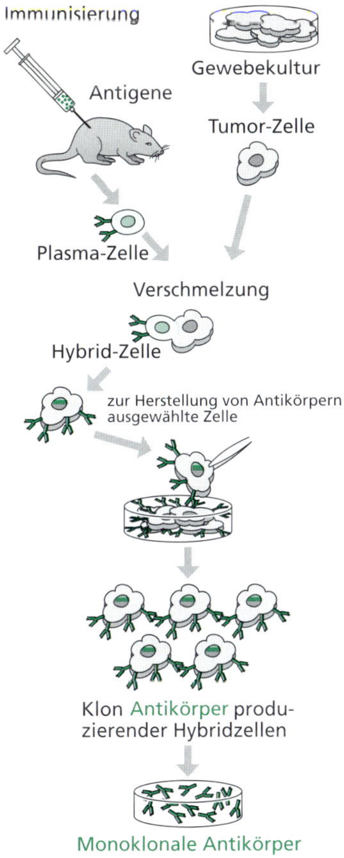

Im Blutserum sind unzählige verschiedene Antikörper vorhanden. Sogar gegen ein und dasselbe Antigen stellt der Körper unterschiedliche Antikörper her. Für viele Zwecke ist es jedoch nützlich, ein Serum mit nur einer Sorte von Antikörpern – monoklonale Antikörper – zur Verfügung zu haben. Dieses herzustellen wurde möglich durch die **Hybridom-Technik**.

Monoklonale Antiseren enthalten lauter identische Antikörper.

1975: Georges Köhler und Cesar Milstein verschmelzen Lymphozyten der Maus mit menschlichen Tumorzellen um monoklonale Antikörper herzustellen.

Hybridzellen erhält man durch Verschmelzen zweier Zellen, einer langlebigen **Tumor-Zelle** aus einem Krebsgeschwür mit einer antikörperproduzierenden **Plasmazelle**. Die Hybridzelle besitzt die Eigenschaften beider Elternzellen: Sie ist unbegrenzt teilungsfähig – wie die Krebszelle – und sie kann Antikörper bilden – wie eine Plasmazelle. Eine einzige Hybridzelle kann sich zu einem Klon vermehren, der in geeigneten Nährmedien unbegrenzt lebensfähig bleibt und dessen Zellen ausnahmslos identische Antikörper herstellen. Die Hybridzellen sind somit unerschöpfliche Quellen monoklonaler Antikörper.

Monoklonale Antikörper stammen von den Nachkommen einer einzigen B-Zelle.

Monoklonale Antikörper eröffnen ganz neue Zugänge zur Lösung medizinischer, biologischer und pharmazeutischer Aufgaben. Mit ihrer Hilfe kann man ...

- Krankheiten früh erkennen und den Krankheitsverlauf verfolgen;
- Infektionen gezielt bekämpfen;
- Antikörper durch Anti-Antikörper abfangen;
- Substanzen reinigen, die sonst nur im Gemisch zu erhalten sind, z.B. Interferon;
- Untergruppen von Lymphozyten unterscheiden – so kann man für verschiedene Leukämie-Arten maßgeschneiderte Therapien auswählen –;
- bei Krankheiten des Immunsystems wie z.B. AIDS die Zahl von B-Zellen und T-Helfer-Zellen bestimmen;
- Antigene der Tumorzellen aufspüren um damit Krebs-Metastasen zu bekämpfen;
- transplantierte Organe vor Abstoßung schützen;
- neue Impfstoffe entwickeln;
- Spuren von Rauschgiften oder Anabolika entdecken;
- katalytische Antikörper herstellen, die ausgesuchte chemische Reaktionen beschleunigen. Solche Antikörper können z.B. Blutgerinnsel auflösen oder Tumor-Zellen zerstören.

Die Herstellung monoklonaler Antikörper zählt zu den wichtigsten biomedizinischen Entwicklungen des Jahrhunderts.

Bei der passiven Immunisierung wird die Antikörperbildung einem anderen Lebewesen überlassen.

Die passive Immunisierung wird vor allem dann eingesetzt, wenn eine Infektionskrankheit bereits ausgebrochenen ist. Passive Immunisierung schützt meist nur wenige Wochen.

Bei passiver Immunisierung wird die Immunität durch Übertragung eines **Antiserums** (antikörperhaltiges Blutserum) erreicht, das von Individuen stammt, die gegen einen bestimmten Keim immun sind.

1890: Emil von Behring entdeckt, dass Tiere Antikörper bilden, die im Menschen wirksam sind.

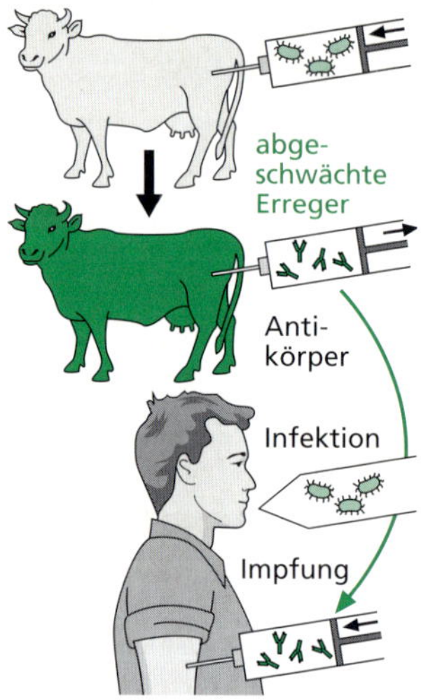

Durch die von außen zugeführten, fertigen Antikörper wird der Organismus in seinem Kampf gegen den Erreger unterstützt, bis er selbst genügend eigene Antikörper produziert. Eine passive Immunisierung ist aber nur wenige Wochen wirksam, da der menschliche Körper auch gegen die fremden Serumproteine Antikörper bildet.

Wird das Antiserum ein zweites Mal gespritzt, so kann es zu einem anaphylaktischen Schock kommen, einer Reaktion des Immunsystems gegen die fremden Antikörper. Um dies zu verhindern, spritzt man bei der zweiten Behandlung ein Serum von einem dritten Organismus oder aber eine gereinigte Antikörper-Lösung.

Die passive Impfung wird heute selten angewandt. Lediglich Reisenden in Länder, in denen die Hepatitis weit verbreitet ist, wird manchmal Serum-Globulin verabreicht.

Das Neugeborene erhält Leihimmunität von der Mutter.

Kinder werden mit einem schwachen Immunsystem geboren. Allerdings erwerben sie im Allgemeinen früh die **privilegierte Immunität**: Während ihrer ersten Lebensmonate – solange die eigene Abwehr noch schwach ist – sind sie durch die Antikörper geschützt, die sie von ihrer Mutter erhalten.

- Antikörper – vornehmlich vom Typ IgG – wandern durch die Plazenta und immunisieren den Fötus gegen die Keime, gegen die seine Mutter immun ist.
- Die Muttermilch enthält Antikörper, die den Verdauungstrakt der Kinder vor Infekten schützen. Diese Immunglobuline bestehen aus zwei verbundenen IgA-Antikörpern (S. 13), die gegen die Zersetzung im Darm geschützt sind. Sie richten sich gezielt gegen Keime in der Umwelt der Mutter und damit auch gegen die des Kindes.

Vier Wege führen zur erworbenen Immunität.

Insgesamt gibt es verschiedene Möglichkeiten, Immunität zu erwerben:
- Eine Infektion – stumm oder von Krankheitserscheinungen begleitet – wurde überstanden (S. 26).
- Kleinkinder sind von der Mutter mit **Leih-Immunität** ausgestattet.
- Der Körper wurde durch eine **Schutzimpfung** aktiv immunisiert (S. 30).
- Fertige Antikörper werden zugeführt: **passive Immunisierung**.

Blutübertragungen – Transfusionen – lassen sich mit geringen Risiken durchführen, weil die kernlosen roten Blutkörperchen (Erythrozyten) einfach gebaute Membranen mit wenigen Epitopen haben.

Bei Bluttransfusionen müssen die Blutgruppen miteinander abgestimmt werden.

Das in der Transfusionsmedizin relevanteste Blutgruppensystem ist das AB0-System. Die Epitope des AB0-Systems sind Glykoproteine an der Oberfläche der roten Blutkörperchen. Sie werden kodominant vererbt. Je nach Vorhandensein oder Fehlen der Epitope A und B lassen sich Blutgruppen des Menschen in A, B, AB oder 0 unterteilen:

Blutgruppe	Epitop	Antikörper im Serum
A	A	Anti-B
B	B	Anti-A
AB	A und B	keine
0	keine	Anti-A und Anti-B

1901: KARL LANDSTEINER entdeckt das AB0-System der Blutgruppen

Die Antikörper des AB0-Systems sind ohne Kontakt mit anderem Blut und dessen Antigenen vorhanden. Schon im Kindesalter werden sie als Reaktion auf Darmbakterien gebildet, die dieselben Epitope tragen wie die roten Blutkörperchen; gegen die eigene Gruppe werden keine Antikörper gebildet, da die Epitope als eigen erkannt werden.

Rote Blutkörperchen tragen Epitope, das Plasma enthält Antigene.

Bei Transfusionen von nicht kompatiblem Blut kommt es zu Agglutination des Empfänger-Blutes mit anschließender Hämolyse. Da bei Transfusionen die Menge des übertragenen Blutes i.A. relativ gering ist, wird das Spender-Serum bei der Übertragung stark verdünnt. Die Bindungsfähigkeit von Antikörpern in dieser Verdünnung ist meist zu schwach um die Spender-Blutkörperchen zu agglutinieren. Daher kann Blut nach dem Verträglichkeitsschema auch an Träger anderer Blutgruppen gespendet werden. Angehörige der Gruppe 0 sind Universalspender, weil ihre Zellen keines der beiden Epitope tragen. AB ist Universalempfänger: Das Serum enthält keine Antikörper, reagiert also nicht mit fremden Blutkörperchen. Menschen mit vielen Antikörpern reagieren allerdings gegen jedes Spenderblut außer der eigenen Gruppe, daher wird heute generell nur gruppengleiches Blut übertragen.

Verträglichkeitsschema:

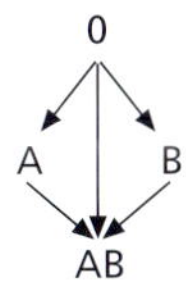

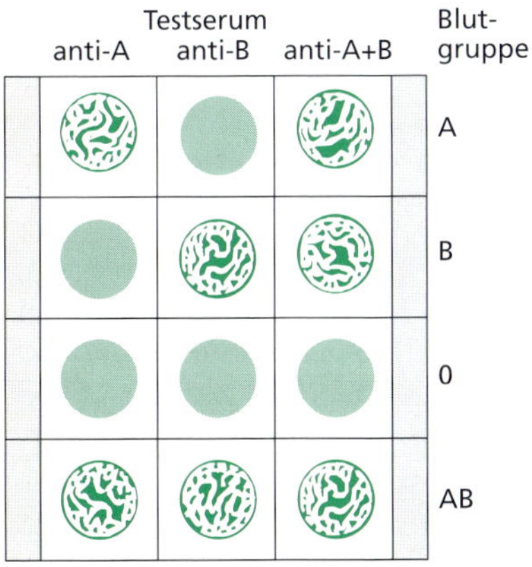

Für die Bestimmung der AB0-Blutgruppen werden die Antiseren Anti-A, Anti-B und Anti-AB verwendet. Zur Vermeidung von Verwechslungen sind die Seren gefärbt: Anti-A ist blau, Anti-B gelb, Anti-AB ist ungefärbt. Auf dem Objektträger bleibt die Reaktion nach der Agglutination stehen; es erfolgt keine Lyse, da das Komplement nicht aktiviert wird.

Der Rhesusfaktor ist ein Blutgruppenmerkmal

1940: Karl Landsteiner und A. Wiener entdecken bei Rhesusaffen den Rhesusfaktor.

Neben dem AB0-System müssen bei Blutübertragungen auch die Rhesusfaktoren von Spendern und Empfängern aufeinander abgestimmt sein. Man unterscheidet fünf Hauptantigene des Rhesus-Systems. Sie werden als CcDEe bezeichnet. **Das Antigen D** (oft einfach als Rhesus-Faktor bezeichnet) ist das wichtigste. 86 % der Bevölkerung tragen dieses Antigen auf der Oberfläche ihrer roten Blutkörperchen (Erythrozyten), sie sind damit rhesuspositiv: Rh(D)$^+$. 14 % besitzen kein D-Antigen, sie sind rhesusnegativ (rh^-; d^-).

Der Rhesusfaktor vererbt sich nach den Mendelschen Regeln, er wird autosomal weitergegeben und wirkt dominant.

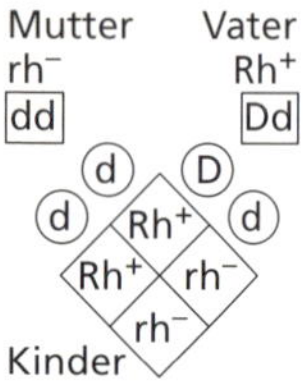

Erbgang des Rhesusfaktors bei einer rhesusnegativen Mutter und einem mischerbigen Vater.

Menschen, die das Rhesus-Antigen nicht besitzen (rh^-), bilden nach Kontakt mit diesem Antigen Anti-Rh-Antikörper. Bei wiederholtem Zusammentreffen kann das beim Empfänger zu einer Agglutination (Verballung) mit anschließender Hämolyse (Auflösung der roten Blutkörperchen) führen.

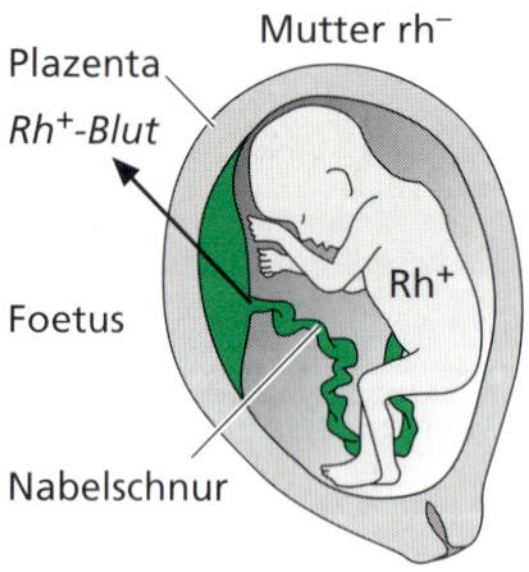

Erste Schwangerschaft

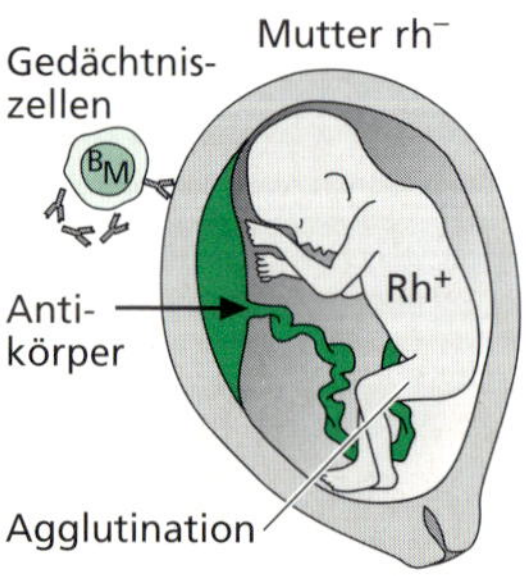

Weitere Schwangerschaft

Die Bildung der Antikörper wird durch eine Bluttransfusion oder – selten – nach einer Schwangerschaft ausgelöst.

Die Neugeborenen-Erythroblastose ist eine lebensgefährliche Krise.

Der Rhesusfaktor wird während der Schwangerschaft wichtig, wenn eine rhesusnegative Mutter ein rhesuspositives Kind trägt – der Fötus hat den Faktor vom rhesuspositiven Vater geerbt. Bei etwa 0,5 % dieser Schwangerschaften treten Probleme auf: Gelangt während der Geburt des ersten Kindes oder beim Ablösen der Plazenta kindliches Blut in den Kreislauf der Mutter, so bildet diese Anti-Rhesus-Antikörper und entsprechende Gedächtniszellen. Bei weiteren Schwangerschaften sorgen die Gedächtniszellen dafür, dass sehr schnell Antikörper gegen das Blut der Kinder gebildet werden, sofern auch diese rhesuspositiv sind. Gelangen die Antikörper in den Kreislauf des Fötus, so können sie die kindlichen Erythrozyten zerstören und eine Erythroblastose im Fötus auslösen. Dabei wird durch den Abbau des Hämoglobins der zerstörten roten Blutkörperchen Bilirubin gebildet, das Haut und Gewebe gelb färbt (Gelbsucht) und das Gehirn schädigt. Als Folge produziert der Embryo schnell große Mengen an neuen Blutzellen, was Leber und Milz anschwellen lässt. Oft kann nur ein sofortiger Blutaustausch das Leben des Kindes retten.

Durch vorgeburtliche Untersuchungen können heute 99% aller Probleme behoben werden. Man injiziert rhesusnegativen Müttern unmittelbar nach der Geburt eines rhesuspositiven Kindes Anti-Rhesus-Antikörper. Diese heften sich an die Epitope der kindlichen Blutkörperchen; die Komplexe werden in der Milz rasch abgebaut. Die Mutter selbst bildet weder Antikörper noch Gedächtniszellen. Die Injektion muss nach jeder Schwangerschaft wiederholt werden, auch nach einer Fehlgeburt oder einer Abtreibung.

T-Zellen haben eine Schlüsselfunktion für die Abwehr. Sie sind für die **zelluläre Abwehr** zuständig. Besonders wichtig sind sie für die Bekämpfung von Viren, Krebszellen und Bakterien, die innerhalb von Zellen leben. Ihre Arbeitsweise ist ungleich komplizierter als die der B-Zellen. Da sie langsamer vor sich geht, wird sie auch als Spätreaktion bezeichnet.

T-Zellen bekämpfen Viren und Tumore.

T-Zellen tragen zur Immunantwort auf zwei unterschiedliche Weisen bei. Sie sind Regulatoren oder Effektoren.

- **Regulatoren**: Regulatorische T-Zellen – Helferzellen und Unterdrückerzellen – arbeiten mit anderen Immunzellen zusammen und sorgen durch Anregung und Hemmung für ein ausgewogenes System.
- **Effektoren**: Die zytotoxischen T-Zellen attackieren Körperzellen, die fremd, entartet oder infiziert sind.

T-Zellen sind Effektor- oder Regulatorzellen.

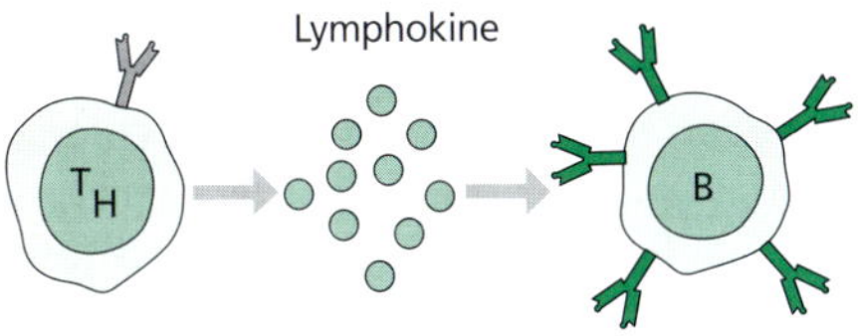

T-Helferzellen (T_H-Lymphozyten) sondern ein als **Lymphokin** bezeichnetes Signal-Protein ab. Dieses regt B-Zellen zur Vermehrung und zur Mobilisierung ihrer Antikörper an und aktiviert andere T-Zellen.

T-Lymphozyten *Vorläufer aller T-Zellen, besitzen antigenspezifische Rezeptoren.*

T-Helferzellen *regen die Bildung von Antikörpern an.*

T-Unterdrückerzellen (T-Suppressorzellen, T_S-Zellen) dämpfen den Verlauf der Abwehrreaktion. Sind einige Wochen nach der Infektion alle Antigene vernichtet oder ist die Abwehrreaktion zu stark, so schalten sie die Immunreaktion ab.

T-Unterdrückerzellen *begrenzen und beenden die Abwehrreaktion.*

Zytotoxische T-Zellen (T_C-Zellen, „T-Killerzellen“) sind in der Lage, Infektionen dort zu bekämpfen, wo Antikörper nichts mehr ausrichten können. Sie greifen dabei nicht unmittelbar die Krankheitserreger an, sondern sie zerstören die infizierten Zellen. Sie treten in intensiven Kontakt mit einer Zielzelle. Dabei setzen sie Zytokine frei, die die Vermehrung des Virus hemmen, durchlöchern mit dem Protein Perforin die Membran der infizierten Zelle, was deren Auflösung zur Folge hat. Enzyme dringen durch die Poren ins Zellinnere und lösen die **Apoptose** aus, einen programmierten Selbstmord der Zelle.

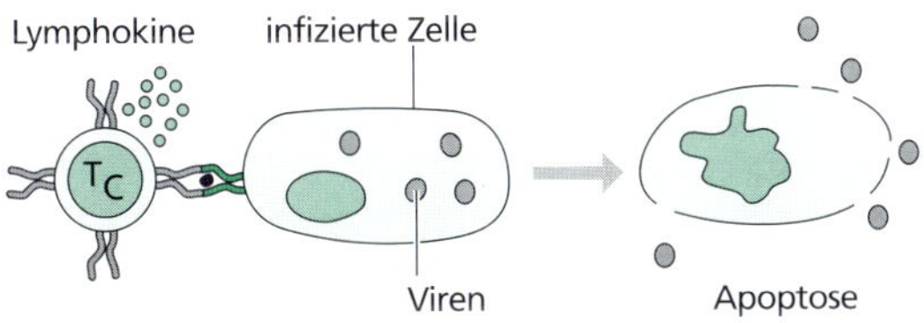

Zytotoxische T-Zellen *vernichten infizierte Zellen und Krebszellen.*

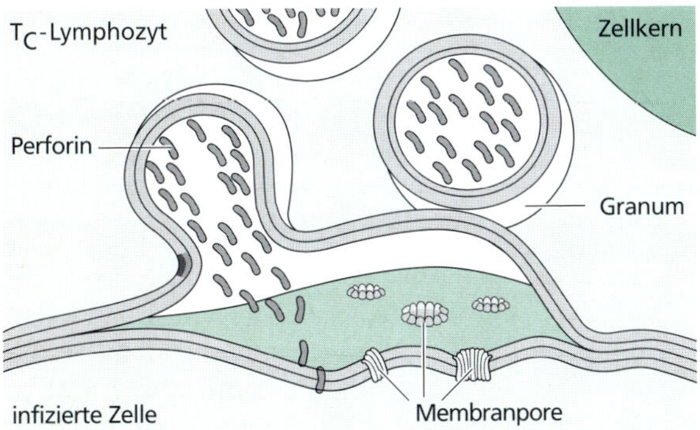

T-Lymphozyten wirken hauptsächlich über Botenstoffe.

T-Zellen bewirken die zelluläre Abwehr.

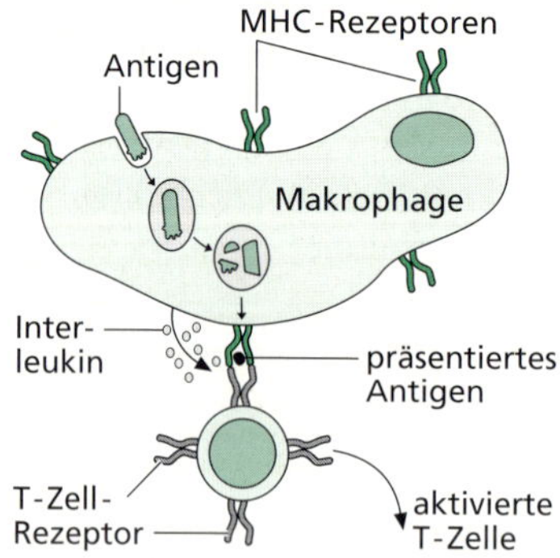

T-Zellen sind auf Erreger spezialisiert, die **in** Körperzellen eingedrungen sind. Um dieser Aufgabe gerecht zu werden, müssen sie nicht nur ein spezifisches Antigen, sondern auch die körpereigenen Zellen erkennen.

Für alle T-Lymphozyten gilt die **MHC-Restriktion**: Sie werden nur dann aktiv, wenn Antigene von MHC-Rezeptoren angeboten werden. Auf freie Antigene sprechen T-Zellen nicht an.

T-Zellen unterliegen der MHC-Restriktion.

Eine T-Zelle reagiert nur dann auf ein Antigen, wenn sie es auf einer Zielzelle gemeinsam mit einem körpereigenen MHC-Protein erkennt.

Ein T-Zell-Rezeptor erkennt den Komplex aus MHC-Molekül und Epitop.

Die Aktivitäten der T-Zellen werden von einem Molekül auf ihrer Membran kontrolliert: Dem **T-Zell-Rezeptor** (TcR). Alle T-Lymphozyten tragen auf ihrer äußeren Hülle diesen Rezeptor, der eine permanente Ausweiskontrolle vornimmt. Er tastet laufend die MHC-Proteine der Zellen ab, und schlägt Alarm, wenn die Passform nicht stimmt: Dies bedeutet dass die Zelle fremd ist oder dass ihr Stoffwechsel verändert ist.

Der T-Zell-Rezeptor sitzt fest auf der Zellmembran.

Der T-Zell-Rezeptor ist einfacher aufgebaut als ein Antikörper. Im Gegensatz zu den Antikörpern (Ig) ist er immer in der Zellmembran verankert. Der T-Zell-Rezeptor enthält zwei verschiedene Polypeptidketten – eine Alpha- und eine Beta-Kette – die jeweils aus einer konstanten und einer variablen Region bestehen.

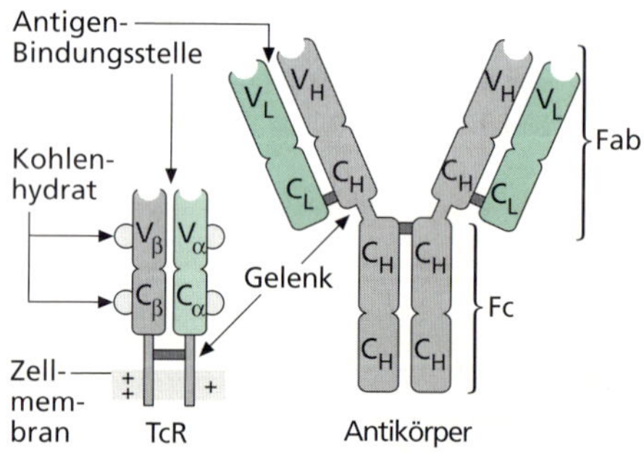

Die Bindung einer T-Zelle an andere Zellen wird gefestigt durch einen **Co-Rezeptor**, der in der Membran der T-Zelle verankert ist und in das präsentierende MHC-Molekül einrastet.

T-Zellen unterscheiden sich durch ihre Co-Rezeptoren.

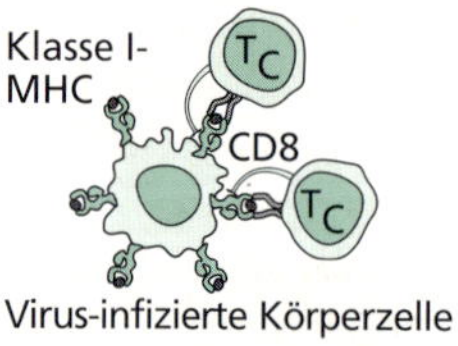

Virus-infizierte Körperzelle

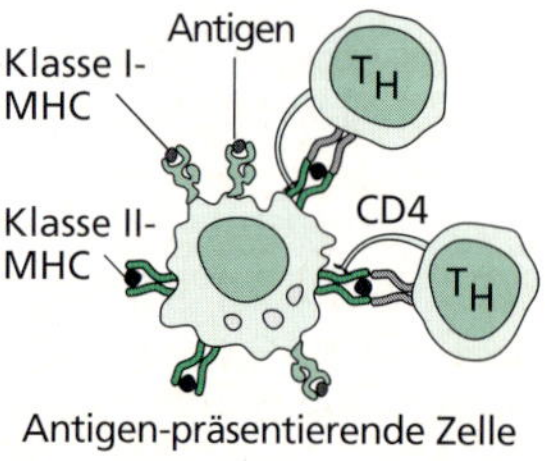

Antigen-präsentierende Zelle

Die **zytotoxischen T-Zellen** besitzen den Co-Rezeptor **CD8**. CD8 kann sich nur in MHC-KlasseI einhaken (s. S. 10). Da fast alle Körperzellen MHCI-Proteine auf ihren Oberflächen tragen, können cytotoxische T-Zellen mit allen infizierten Körperzellen reagieren.

T-Helfer- und Unterdrücker-Zellen tragen den Co-Rezeptor **CD4**, der sich nur mit dem MHC-KlasseII-Protein verbinden kann. Diese Zellen kooperieren daher nur mit Zellen des Immunsystems, die als einzige diese Proteine an der Zelloberfläche aufweisen.

Die Fähigkeit „SELBST“ und „NICHT SELBST“ zu unterscheiden erwerben T-Zellen im Thymus im Verlauf der **Lymphozytendifferenzierung**. Dort werden diejenigen Zellen ausgewählt und zur Vermehrung angeregt, die in der Lage sind, mit Zellen nur unter der Bedingung zu reagieren, dass sie körpereigen sind und ein **fremdes Epitop** tragen.

T-Zellen werden im Thymus geschult.

Dies geschieht nach dem Konzept der **Schulung des Immunsystems** folgendermaßen:

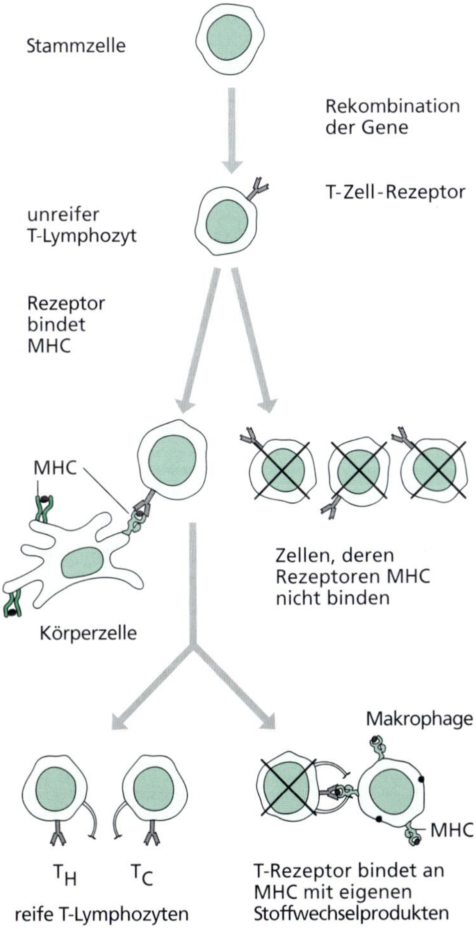

T-Zellen schaffen neukombinierte Gene für ihrer Rezeptoren.

Im Zeitraum kurz vor und nach der Geburt eines Menschen wandern Stammzellen vom Knochenmark in den Thymus ein. Dort differenzieren sie sich zu T-Zellen. Sie kombinieren die Gene für die T-Zell-Rezeptoren neu und bilden daraufhin unermesslich viele verschiedene Rezeptorformen. Danach vermehren sie sich stark. Dann beginnt ein strenger **Ausleseprozess**. Aus der großen Zahl der T-Zellen werden die für das Immunsystem brauchbaren ausgelesen.

Durch Selektion während der Lymphozyten-Reifung erzielt das Immunsystem die Unterscheidung zwischen Selbst und Fremd.

1.Filter:
Nur Zellen, die körpereigene MHC-Moleküle erkennen, reifen, alle anderen gehen zugrunde.

2.Filter:
T-Zellen, die auf MHC-Moleküle ansprechen, die normale Stoffwechselprodukte präsentieren, und solche, die zu heftig mit körpereigenen MHC-Molekülen reagieren, werden eliminiert.

T-Zellen, die das eigene MHC-Molekül in einer mittelstarken Bindung erkennen, bleiben erhalten. Nur etwa jede hundertste T-Zelle gelangt zur Reife und verlässt den Thymus, alle anderen sterben im Thymus ab. So wird erreicht, dass das Immunsystem frei von Lymphozyten ist, die körpereigene Zellen mit ungestörtem Stoffwechsel angreifen.

Es gibt eine Reihe von Beobachtungen, die sich mit dem hier beschriebenen Konzept der Schulung des Immunsystems nur schwer erklären lassen, so z. B. die Toleranz des mütterlichen Immunsystems gegenüber dem Fötus.

Unter **Selbsttoleranz** versteht man die während der Reifung des Immunsystems erlernte Toleranz gegenüber körpereigenen Zellen.

Viren vermehren sich innerhalb von Zellen.

Viren können sich nur innerhalb von Wirtszellen vermehren. Wenn sie sich in eine Zelle eingenistet haben, sind sie für Antikörper und Komplement nicht mehr erreichbar. In der Wirtszelle liegen Erbmaterial und Proteine der Viren in Zellkern und Zellplasma verteilt vor – sie bieten der Abwehr ein unscharfes Ziel.

Natürliche Abwehrmechanismen schaffen den Zeitgewinn bis die spezifische Antwort in Gang kommt.

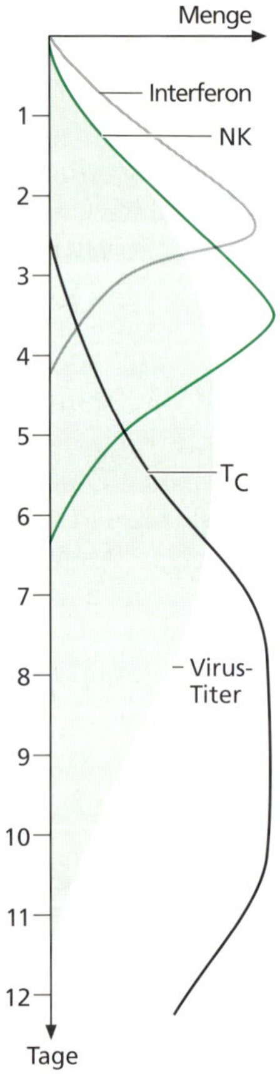

Schon im Augenblick der Infektion scheidet die virusinfizierte Zelle Interferone aus. **Interferon** (S.23) veranlasst gesunde Zellen dazu, ein Enzym zu produzieren, das der Infektion weiterer Zellen entgegenwirkt.

Außerdem mobilisiert das Interferon die **natürlichen Killerzellen** (NK; S.23). Sie zerstören infizierte Zellen. Innerhalb von ein bis zwei Tagen nach der Infektion erreicht ihre Aktivität den Höhepunkt.

Antikörper verhindern teilweise die Anheftung des Virus an die Zelle .

Die **humorale Abwehr** kann die Viren treffen, bevor sie in eine Zelle eingedrungen sind. B-Lymphozyten vermehren sich, wandeln sich zu Plasmazellen um und produzieren Antikörper. Diese können so an ein Virus binden, dass es nicht infektiös wird. Diese Abwehr ist bei Primärinfektionen wenig wirksam, bei Sekundär-Infektionen kommt die humorale Antwort sehr schnell und kann den Organismus wirkungsvoll schützen.

Intrazelluläre Viren entziehen sich der humoralen Abwehr.

Wenn das Virus in die Zelle eingedrungen ist, ist es der humoralen Abwehr entzogen; nun kommt die **zelluläre Abwehr** ins Spiel; sie ist langsamer, aber von zentraler Bedeutung (S. 39). Zytotoxische T-Zellen eliminieren die von Viren befallenen Zellen.

Makrophagen und **Granulozyten** (S.16) räumen den Zelldetritus auf. Nun kommen Mechanismen ins Spiel, welche die Abwehrreaktion wieder herunterfahren. Dabei sind neben den Unterdrücker-T-Zellen wieder Zytokine von besonderer Bedeutung.

Wenn die Immunreaktion erfolgreich war, wird das Immunsystem die Viren eine bestimmte Zeit nach der Infektion überwältigt haben und die Krankheit ist unter Kontrolle.

Trotz der vielen Abwehrmechanismen gelingt es vielen Viren, jahrelang im Körper zu überdauern: Herpes-, Gelbfieber-, AIDS-Viren lassen sich in körpereigene Abwehrzellen aufnehmen und können in diesen in alle Bereiche des Körpers, sogar ins Gehirn, wandern.

Schnelle Veränderung der Epitope lässt die Immunabwehr ins Leere laufen.

Viele Viren – z. B. Influenza-Viren – besitzen eine hohe Variabilität in ihren Epitopen und sie verändern diese Strukturen rasch. Sie bilden durch Mutation und Rekombination laufend neue Stämme. Gegen derartige Viren ist die erworbene Immunität in der Regel wenig wirksam, da bei jedem neuen Virusstamm eine zusätzliche Immunität erworben werden muss.

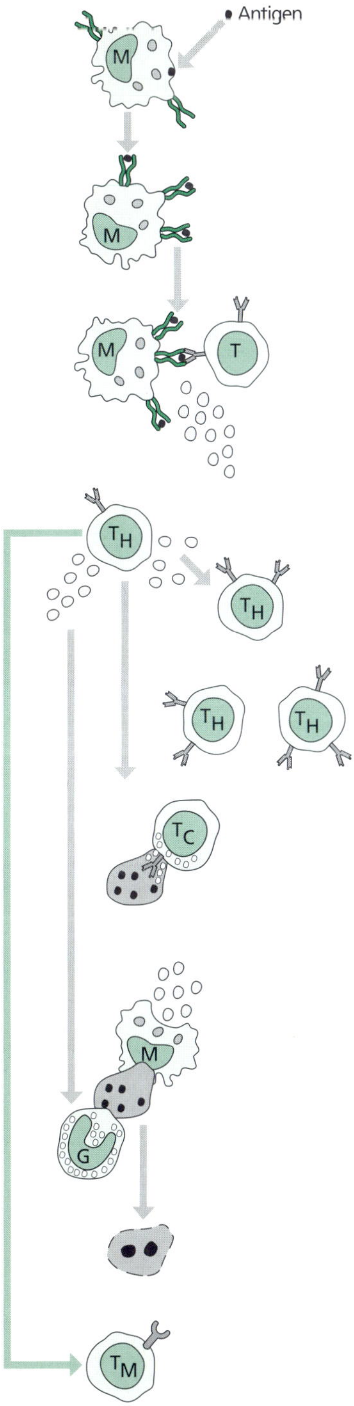

Antigen-präsentierende Zellen leiten die zelluläre Antwort ein.

Ein Virus dringt in den Körper ein. Lymphozyten und Makrophagen erscheinen am Invasionsort.

Die zelluläre Abwehr beginnt, wenn ein Makrophage (M) das Antigen aufnimmt, verdaut ...

... und kurze Teilstücke davon – Epitope – auf einem MHC-Rezeptor präsentiert.

T-Lymphozyten (T) mit passenden Rezeptoren binden sich an die präsentierten Epitope. Dies ist das Signal, Lymphokine zu bilden.

Unter dem Einfluss der Lymphokine wachsen die unreifen T-Lymphozyten, sie teilen sich und reifen zu T-Helferzellen.

Die Lymphokine locken auch andere Immunzellen – Makrophagen, Helferzellen und zytotoxische T-Zellen – an.

Virusinfektionen werden durch Zerstören der befallenen Zellen bekämpft.

Zytotoxische T-Zellen (T_C-Lymphozyten) erkennen infizierte Zellen an den MHC-Rezeptoren, die durch Virusbruchstücke verändert sind. Sie geben Zytokine ab um die Vermehrung der Viren zu hemmen und Proteine, welche die Plasmamembran befallener Zellen durchlöchern. Der Tod der Wirtszelle unterbricht den Vermehrungszyklus des Virus, die freigesetzten Viruspartikel sind noch nicht infektiös.

Die zelluläre Immunabwehr hinterlässt Gewebeschäden.

Makrophagen und Granulozyten (G) werden angezogen. Sie beteiligen sich an der Zerstörung der infizierten Körperzellen und beseitigen den Zelldetritus.

Bei der Vermehrung der T-Lymphozyten entstehen auch **T-Gedächtniszellen** (T_M), die im Kreislauf zirkulieren um bei neuerlichem Kontakt mit demselben Antigen schnell zu reagieren.

Langsam wächst die Zahl der Unterdrücker T-Zellen (T_S). Diese schalten die Immunantwort schließlich ab.

Eine Transplantation ist die Übertragung lebenden Gewebes von einem Individuum auf ein anderes.

Man unterscheidet nach der Herkunft des Transplantats:

autolog: *vom selben Menschen*

allogen: *von anderen Menschen*

xenogen: *von anderen Arten*

1954: erste erfolgreiche Nierentransplantation bei eineiigen Zwillingen.

1967: CHRISTIAN BARNARD transplantiert als erster ein Herz.

Wenn eigene Organe versagen, bleibt oft nur die Übertragung von Fremdorganen, um das Leben des Patienten zu erhalten. Nun steht die Immunabwehr – sonst von lebenserhaltender Bedeutung – der Rettung eines Menschenlebens im Wege. Das Immunsystem erkennt die Zellen eines anderen Organismus als fremd und zerstört sie. Der Verlust eines transplantierten Organs durch Abstoßungsreaktionen stellt nach wie vor eines der ungelösten Probleme der Transplantationsmedizin dar.

- **Antigen-präsentierende Zellen** (APC), leiten die Abstoßungsreaktion ein. Sie präsentieren Proteinbruchstücke des fremden Gewebes den
- **T-Helferzellen**, die nun Cytokine ausschütten um andere Immunzellen zu aktivieren.
- Plasmazellen stellen **Antikörper** her, die das fremde Gewebe angreifen und
- das **Komplement** aktivieren.
- **Cytotoxische T-Zellen** (T_C), erkennen den MHC-Rezeptor und die darauf präsentierten Peptide als fremd. Sie werden aktiviert, wandern in das fremde Gewebe und zerstören es.
- **Makrophagen** (M) geben lytische Enzyme ab, lösen Entzündungen aus und nehmen Gewebsbruchstücke auf.

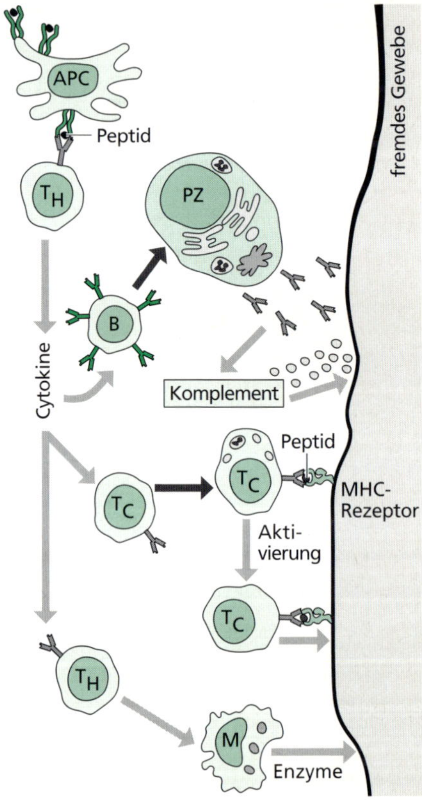

Das Immunsystem stößt fremdes Gewebe ab.

Innerhalb von ein bis drei Wochen nach der Transplantation treten akute Abstoßungsreaktionen auf.

Immunsuppressiva unterdrücken die Abstoßung.

1983 wird Cyclosporin A, das Stoffwechselprodukt eines Pilzes, zugelassen.

Je besser die Gewebedaten von Spender und Empfänger zueinander passen, desto schwächer ist die Immunreaktion. Nur bei eigenem Gewebe und bei Transplantationen zwischen eineiigen Zwillingen bleibt sie aus. Sonst bezahlt der Empfänger das neue Organ mit den Folgen einer lebenslangen Behandlung, die sein Immunsystem unterdrückt. Nach einer Organverpflanzung nimmt er Immunsuppressiva, meist eine Kombination aus mehreren Medikamenten. Das Medikament *Cyclosporin* verhindert die Aktivierung der T-Zellen ohne die humorale Abwehr zu beeinträchtigen. Allerdings gelingt es keiner Therapie, gezielt die Antwort auf die fremden MHC-Proteine zu unterdrückten. Gleichzeitig mit der Unterdrückung der unerwünschten Aktivitäten des Immunsystems wird die notwendige Schutzfunktion der körpereigenen Abwehr unterdrückt. Daraus resultiert eine erhöhte Anfälligkeit gegenüber Infektionen und längerfristig ein verstärktes Auftreten von Krebserkrankungen.

- Zeluläre und humorale Abwehr sind ähnlich strukturiert.
- Zelluläre und humorale Abwehrmechanismen greifen bei ihrer Arbeit eng ineinander: T-Zellen treten in engen Kontakt zu B-Zellen, aktivieren sie und fördern die Abgabe von Antikörpern. B-Zellen können Antikörper präsentieren.

B- und T-Lymphozyten arbeiten eng zusammen.

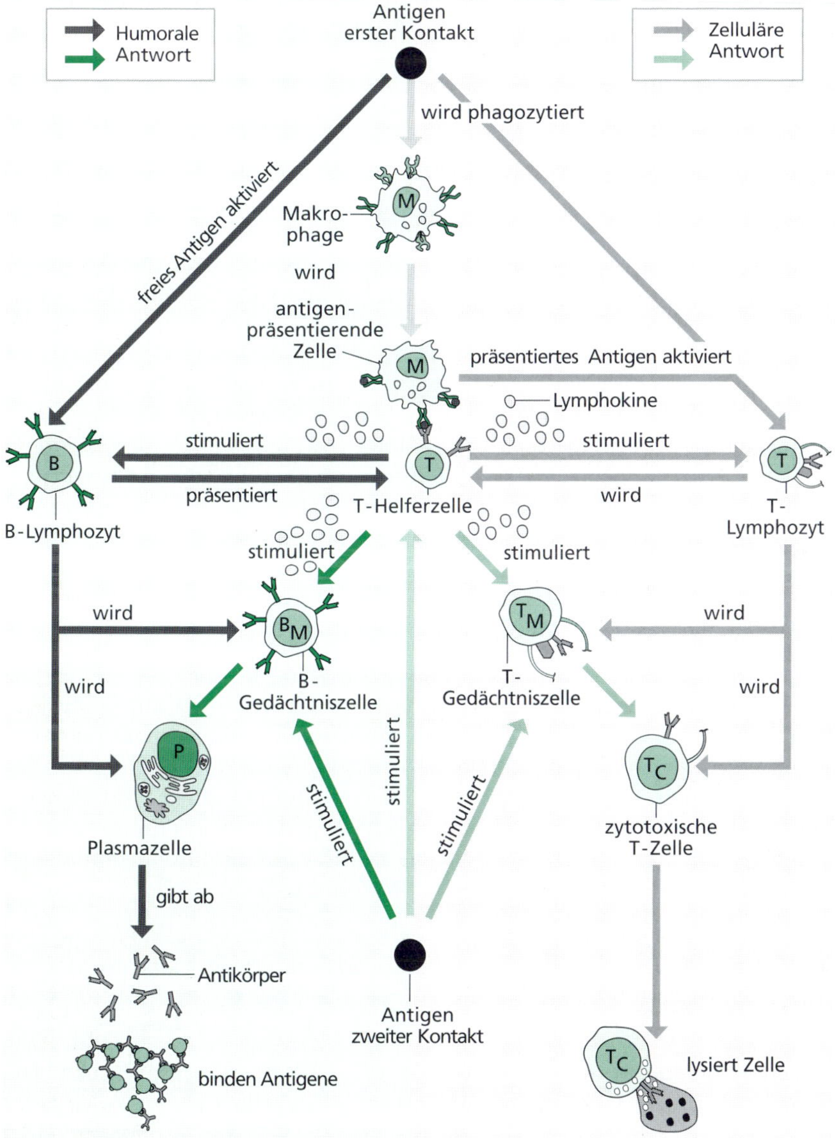

Die beiden spezifischen Abwehrsysteme unterscheiden sich in der Aktivierung.

Die Systeme kommunizieren miteinander.

Beide Systeme haben ein Gedächtnis.

- Zelluläre und humorale Abwehr ergänzen sich perfekt: Antikörper lagern sich an Oberflächen von Erregern und Giftstoffen an, T-Zellen spüren Krankheitserreger im Zellinneren auf.

Die beiden Abwehrsysteme ergänzen sich bei ihren Operationen.

Einzelne oder alle Funktionen des Immunsystems können ausfallen.

Fehlen eine oder gar mehrere Komponenten des Immunsystems, so entsteht eine Immunmangelkrankheit. Immunschwäche kann ererbt (primärer Defekt) oder durch Unterernährung oder eine Krankheit erworben werden (sekundärer Defekt).

Immundefekte erhöhen das Risiko einer Infektionskrankheit.

Menschen mit Immunschwäche leiden häufig an Infektionskrankheiten. Vor allem Infektionen der Haut und der Schleimhäute, Erkrankungen der Atemwege und des Magen-Darm-Trakts kehren immer wieder. Sie dürfen nicht mit Lebend-Impfstoffen (S. 30) geimpft werden.

Immundefekte können ererbt oder erworben sein.

Die **primären Schädigungen** des Immunsystems reichen von harmlosen Störungen bis hin zu lebensgefährlichen Erkrankungen.

- Versagen die B-Lymphozyten, so bilden die Betroffenen keine Antikörper. Sie sind vor allem für bakterielle Infektionen anfällig. Diesem Defekt, der relativ verbreitet ist (ein Fall auf 500 Personen), kann durch monatliche Gaben von Gamma-Globulinen erfolgreich begegnet werden.
- Manchen Menschen fehlen bestimmte Klassen von Immunglobulinen.
- Ist von Geburt an kein Thymus ausgebildet, so fehlt den Kindern die T-Zell-vermittelte Immunität. Durch Transplantation von Thymusgewebe können diese Kinder geheilt werden, unbehandelt sterben sie früh.
- Sehr selten werden Kinder geboren, denen alle wesentlichen Immunzellen fehlen. Manche dieser **SCID-Kinder** (*severe combined immunodeficiency disease* = schweres kombiniertes Immunmangelsyndrom) müssen jahrelang in keimfreien Räumen oder Raumanzügen leben. Heilung verspricht nur eine Transplantation von Knochenmark, das funktionsfähige Lymphozyten liefert. Dabei besteht allerdings die Gefahr, dass die transplantierten Immunzellen die Gewebe ihres neuen Körpers als fremd erkennen und sie in einer GvH-Reaktion (*graft versus host*) bekämpfen.

Bei GvH-Reaktionen greifen Immunzellen des Transplantats den Wirt an.

Menschen mit einer **erworbenen Immundefizienz** entwickeln eine Störung des Immunsystems als Folge einer Krankheit. Menschen mit fortgeschrittener Krebserkrankung leiden oft an Immunmangelkrankheiten als Folge der Krankheit oder als Nebenwirkung der Therapie. Auch kann es durch die Behandlung anderer Krankheiten oder als Nebeneffekt eines Medikaments oder einer Droge zu einer Schwächung oder zum Ausfall des Immunsystems kommen. Nach einer Transplantation werden gezielt immunsuppressive Medikamente zur Unterdrückung der Abstoßung verabreicht.

Erworbene Immunschwächen sind häufiger als angeborene. Sie können sowohl das humorale als auch das zelluläre System erfassen und werden soweit möglich dadurch behandelt, dass man die Ursache der Störung beseitigt.

Stress kann die Abwehr schwächen.

Vorübergehende Immunschwäche ist oft eine Begleiterscheinung von Virus-Infektionen wie Influenza, Mononucleosis oder Masern. Auch Bluttransfusionen, Einnahme von Medikamenten, Mangelernährung oder Stress können die Immunabwehr vorübergehend schwächen.

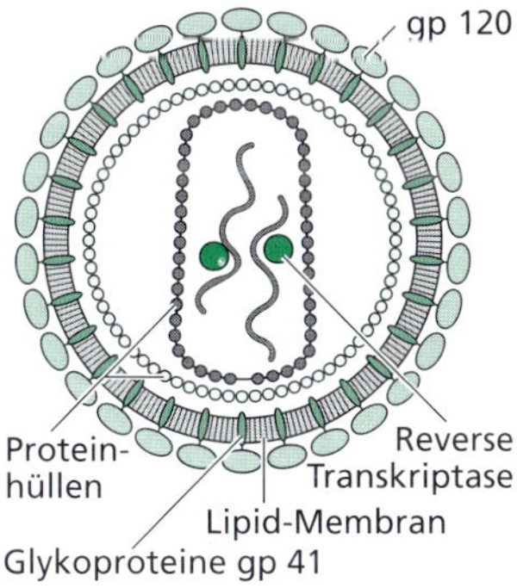

Häufigste und bekannteste unter den erworbenen **Immunschwächekrankheiten** ist AIDS, eine Infektionskrankheit, die durch das HIVirus (HIV) übertragen wird.

Das Retrovirus HIV löst eine Immunschwäche aus.

*HIV= **H**uman **I**mmunodeficiency **V**irus*

1981: AIDS wird als Immunschwächekrankheit erkannt.

1983: HIV wird identifiziert.

1986: in Westafrika taucht HIV2 auf.

Hauptübertragungswege des HIV sind:

- ungeschützter Geschlechtsverkehr mit einer infizierten Person;
- gemeinsam benutzte Spritzen und Nadeln bei Fixern;
- Infektion während der Schwangerschaft, bei der Geburt oder beim Stillen;
- Übertragung verunreinigter Blutkonserven und anderer Blutprodukte.

Wird das HI-Virus beim Geschlechtsverkehr übertragen, so tritt es durch die Schleimhaut in den Blutstrom ein. Makrophagen nehmen das Virus auf und tragen es zu den Lymphknoten. Das Virus dringt durch den CD4-Rezeptor (S. 36) in T-Helferzellen ein und wird als Provirus in die DNA des Zellkerns integriert. Die infizierten Zellen bilden neue Viren und geben sie ins Blut und in die Lymphe ab; dabei sterben sie ab. Außerhalb des menschlichen Körpers ist das Virus labil und verliert schnell seine Infektionsfähigkeit.

Das HIV zerstört T-Helferzellen.

Sobald das Virus in den Körper eingedrungen ist, startet die humorale Abwehr. Aber erst nach einigen Wochen bis Monaten ist die Antikörperkonzentration hoch genug, dass sie effektiv und messbar wird. Bis dahin kann sich das Virus ungehindert vermehren.

HIV zeichnet sich durch eine außerordentlich hohe Variabilität aus. Es mutiert schnell und schafft immer neue Epitope. Weil jeder Antikörper nur gegen ein spezifisches Epitop gerichtet ist, muss das Immunsystem laufend neue Antikörpertypen für neue HIV-Stämme bereitzustellen. Auch die Herstellung von Medikamenten wird dadurch erschwert.

Die Antigen-Variabilität des Virus erschwert die Bekämpfung.

Es werden mehrere Stadien einer HIV-Infektion unterschieden:

- Der Infektion folgt die akute HIV-Krankheit, die sich meist durch flüchtige, einem grippalen Infekt ähnelnde Krankheitserscheinungen zeigt.
- Die Inkubationszeit verläuft meist ohne Symptome. Lymphknotenschwellungen können auftreten (LAS) oder Müdigkeit, Gewichtsverlust, Fieber und Durchfall (ARC). Das Virus kann in diesem Stadium weitergegeben werden. Antikörper können im Blut nachgewiesen werden; der Betroffene ist HIV-positiv.
- Das manifeste Immunschwäche-Syndrom ist durch eine Abwehrschwäche charakterisiert. Erst in diesem Stadium spricht man von AIDS.

*LAS = **L**ymph**a**denopathie-**S**yndrom*

*ARC = **A**IDS **r**elated **c**omplex*

*AIDS: **a**cquired **i**mmuno**d**eficiency **s**yndrome; erworbene Immunschwäche*

Der indirekte Test auf eine HIV-Infektion erfolgt durch den Nachweis von Antikörpern, die spezifisch gegen dieses Virus gebildet werden (ELISA-Test S. 44). In den ersten 4 bis 12 Wochen nach der Infektion ist die Konzentration der Antikörper noch zu gering, um durch die gebräuchlichen Tests nachgewiesen zu werden. Der direkte Nachweis des Virus gelingt mit Tests auf RNA oder die in infizierte Zellen eingebaute Provirus-DNA.

Die AIDS-Krise hat die Immunologie ins öffentliche Bewusstsein gerückt.

Die Immunschwäche beruht auf dem Ausfall von T-Helferzellen.

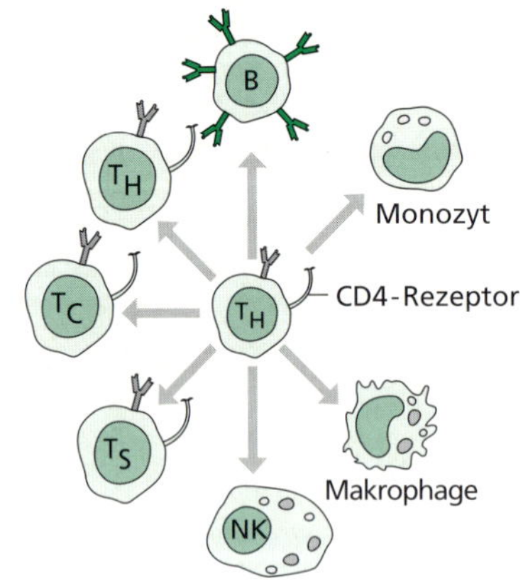

Bedeutung der T_H-Zellen bei der Immunabwehr, die Pfeile zeigen den Einfluss auf andere Zelltypen.

T-Helferzellen spielen eine zentrale Rolle im Immunsystem. Ihre Ausschaltung hat verheerende Folgen für die Abwehr. Das geschwächte Immunsystem kann die Erreger nicht mehr abwehren. Mit fortschreitender HIV-Infektion treten immer mehr und immer häufiger Infektionen, Tumore und andere Erkrankungen auf. Der Patient ist selbst solchen Krankheitserregern, mit denen eine funktionierende Immunabwehr spielend fertig wird, hilflos ausgeliefert. Solche Keime bezeichnet man als opportunistisch, weil sie die Immunschwäche als günstige Gelegenheit für eine Infektion ausnutzen. HIV-Infizierte müssen daher auch geringfügige zusätzliche Infekte vermeiden. Häufigste opportunistische Infektion ist eine Lungenentzündung, die durch den Einzeller *Pneumocystis carinii* verursacht wird. Die Abwehrschwäche begünstigt auch Pilzerkrankungen, wie die orale Candidiasis, eine Infektion der Mundhöhle durch Hefepilze. Durch Zerstörung von Wachstumsregulatoren in der Zelle kann es zur Entwicklung bösartiger, sonst selten auftretender Tumore kommen (Kaposi-Sarkom oder Lymphknotenkrebs).

Opportunistische Infektionen nützen die Abwehrschwäche aus.

Das Virus beschädigt auch Gewebe des Gehirns und des Rückenmarks und verursacht eine progressive Demenz, einen geistigen Verfall.

Der ELISA-Test auf HIV beruht auf dem Nachweis von Antikörpern:

1. HIV-Antikörper binden an Antigene auf den Testplatten.

2. Antikörper werden durch Anti-Antikörper markiert, an die ein Enzym gekoppelt ist.

3. Das Enzym setzt einen Farbstoff um.

Wichtigste Waffe des Körpers im Kampf gegen HIV ist die Zerstörung infizierter Helfer-Zellen durch zytotoxische T-Zellen. Der Körper kann die vom Virus zerstörten T_H-Zellen anfänglich schnell ersetzen. Daher zeigt eine HIV-positive Person zunächst nur schwache oder gar keine Symptome. Im Laufe der Jahre aber nimmt die Anzahl der Helferzellen stetig ab und führt zu einer zunehmenden Funktionsstörung des Immunsystems. Im Verlauf der Krankheit wird die Abwehrschwäche immer deutlicher.

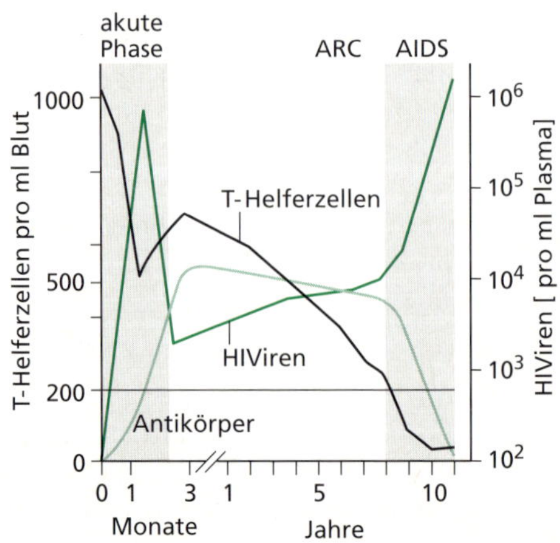

Die Anzahl der T-Helferzellen ist ein wichtiger Marker zur Feststellung des Krankheitsverlaufes. Ihre Anzahl pro ml Blut gibt einen Hinweis auf die Funktionsfähigkeit des Immunsystems. Die Normalwerte für diese Zellen liegen zwischen 500 und 1500 pro ml. Wenn die Zahl der T_H-Lymphozyten unter 200 pro ml fällt, sind verschiedene Zell-Linien und Klone unwiderruflich zerstört. Zuletzt kommt es zu einem völligen Zusammenbruch des Immunsystems.

Nach dem Ausfall der Helferzellen bricht das Immunsystem zusammen.

Die Beziehungen zwischen dem Immunsystem und Tumoren sind zweifach: Immunüberwachung und Entartung des Immunsystems.

- **Das Immunsystem kontrolliert die Entstehung von Tumoren im Körper.** Dieser Vorgang wird als **Immunüberwachung** bezeichnet.

Das Immunsystem bekämpft Tumore.

Angriffe des Immunsystems auf körpereigenes Gewebe können sogar segensreich sein: Wenn sie sich gegen Krebszellen richten. Eine wesentliche Aufgabe der zellulären Abwehr ist die Elimination entarteter Zellen. Menschen, deren Immunsystem schwach ist oder unterdrückt wird, erkranken häufig an verschiedenen Krebsarten. Umgekehrt führt die Stärkung des Immunsystems bei Krebspatienten zu gewissen Erfolgen.

Impfstoffe gegen Krebs zu entwickeln ist schwierig: Häufige Mutationen verändern kennzeichnende Epitope

Tumorzellen wachsen zügellos weiter, vermehren sich und verlassen schließlich ihren Gewebsverband. Bei dieser Entartung ändert sich meist die Oberflächenstruktur der Zelle. Tumorspezifische Antigene markieren die Geschwulst und rufen die Immunabwehr auf den Plan. T-Zellen umlagern die Tumorzelle und bombardieren sie mit zerstörerischen Substanzen. Nur wenn die Tumorzelle durch geschickte Tarnung – viele Tumorzellen besitzen keine MHC-Antigene – der Immunabwehr entkommt, erkrankt der Betroffene an Krebs.

- **Zellen des Immunsystems können selbst bösartig entarten.**

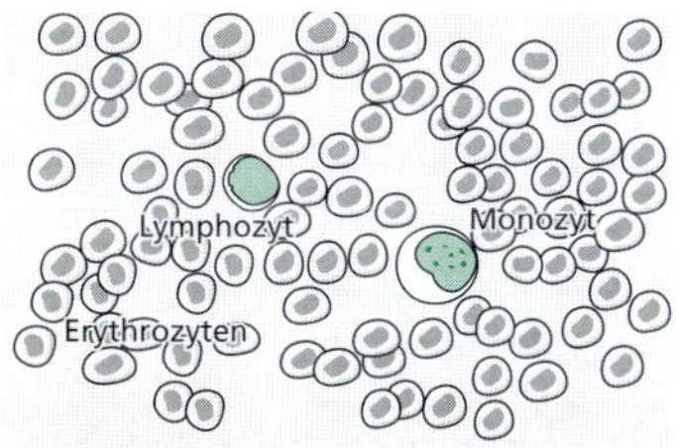

Blutbild eines Gesunden

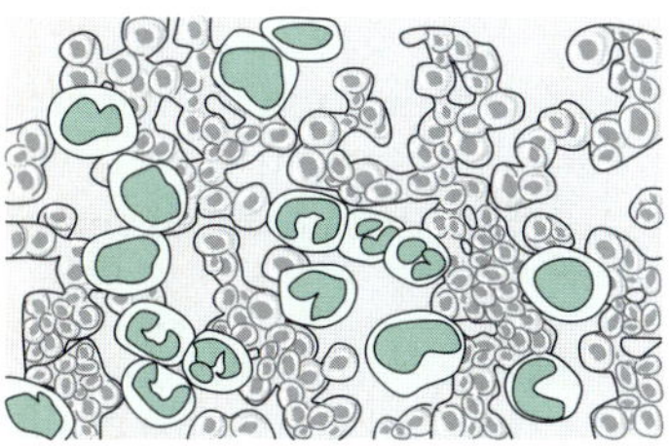
Blutbild eines an Leukämie (CML) Erkrankten

Leukämie ist eine Krebserkrankung der blutbildenden Gewebe.

Entartet eine Zelle des blutbildenden Systems, so kann eine **Leukämie** entstehen. Dabei ist die Reifung der Leukozyten gestört.

Leukämie ist durch eine Überproduktion unreifer, atypischer weißer Blutkörperchen gekennzeichnet. Wenn B-Zellen ihre Wachstumshemmung verlieren, entsteht die chronisch lymphatische Leukämie (CLL), der häufigste Blutkrebs. Wegen der besonderen Instabilität des genetischen Materials und der hohen Mutationsrate neigen die B-Zellen besonders zur Tumorbildung.

Leukämien:
***ALL**: Akute lymphatische L.*
***AML**: Akute myeloische L.*
***CML**: Chronisch myeloische L.*
***CLL**: Chronisch lymphatische L.*

Man unterscheidet zwei Hauptformen.

- **Akute Leukämie** tritt bei Kindern und jungen Erwachsenen auf. Symptome sind unregelmäßiges Fieber, Blutungsneigung an Zahnfleisch, Schleimhäuten und unter der Haut, sowie rasch fortschreitende Anämie (Blutarmut). Unbehandelt verläuft sie in wenigen Wochen bis Monaten tödlich.
- **Chronische Leukämien** kommen meist im mittleren Alter vor und verlaufen langsamer.

Strahlentherapie oder Chemotherapie können heute viele Leukämiekranke heilen. Das Leben mancher Patienten wird durch Zerstörung des entarteten Knochenmarks und anschließender **Knochenmarkstransplantation** gerettet.

Eine Autoimmunkrankheit ist eine autoaggressive Fehlhaltung des Immunsystems

Autoimmunkrankheiten sind fehlerhafte Abwehrreaktionen des Körpers, bei denen das Immunsystem gesundes, körpereigenes Gewebe oder lösliche Substanzen angreift, zerstört oder verletzt.

Wenn das Immunsystem Teile des eigenen Körpers als fremd erkennt und angreift, spricht man von Autoimmunkrankheiten.

Autoimmunkrankheiten können Behinderungen hervorrufen oder sogar tödlich enden. Die Liste solcher Erkrankungen ist beunruhigend lang.

Bei Autoimmunerkrankungen ist die Selbsttoleranz gestört

Einige Autoimmunerkrankungen rühren von fehlgeleiteten Antikörpern, **Auto-Antikörpern**, andere werden **autoreaktiven T-Zellen** zugeschrieben:

- **Myasthenia gravis**, eine Muskelschwäche, äußert sich in einer fortschreitenden Ermüdbarkeit der Muskeln. Die synaptische Erregungsübertragung zwischen Nerv und Muskel ist gestört, weil Antikörper die motorische Endplatte angreifen.
- Beim systemischen **Lupus erythematodes** (SLE) können Autoantikörper gegen viele Zellbestandteile nachgewiesen werden. Die Erbsubstanz DNA, Blutgefäße, Haut und Nieren werden angegriffen.
- Bei der **Basedow-Krankheit** werden die hormonbildenden Zellen der Schilddrüse durch Autoantikörper dauerhaft stimuliert. Der Thyroxinspiegel im Blut kann sich nicht mehr regulieren.
- **Multiple Sklerose** entspringt einem Angriff auf die Myelin-Scheide, die isolierende Hülle der Nervenfasern in Gehirn und Rückenmark.
- Die **rheumatoide Arthritis** (Polyarthritis) befällt die Gelenke der Extremitäten, in denen sich Immunkomplexe ablagern.
- Beim **Typ1-Diabetes,** der juvenilen Form der Zuckerkrankheit, werden die insulinproduzierenden Zellen in der Bauchspeicheldrüse zerstört.

Die Immunantwort ist bei all diesen Krankheiten stark und ausgesprochen zielgerichtet – nur leider gegen Organe und Gewebe des eigenen Körpers.

Autoimmunkrankheiten beruhen wahrscheinlich auf einem Defekt im Selbstregulationsmechanismus des Systems. Der Ausleseprozess bei der Lymphozytenreifung (S. 27, 37) arbeitet nicht ganz sicher, es können Lymphozyten entkommen, die auf körpereigenes Material losgehen. Oft beruht die Fehlreaktion auf einer Ähnlichkeit zwischen einem fremden und einem körpereigenen Molekül.

Niemand weiß genau, wie es zu Autoimmunkrankheiten kommt. Sicher ist, dass neben einer genetischen Veranlagung viele Umweltfaktoren eine Rolle spielen. Dazu gehören Sonnenlicht, Chemikalien und manche Arzneimittel. Manche Autoimmunkrankheiten sind mit bestimmten MHC-Typen verknüpft. Auch Geschlechtshormone sind beteiligt, denn die meisten Autoimmunkrankheiten treten bei Frauen häufiger auf als bei Männern.

Immunsuppressiva sind Substanzen, die in der Lage sind, das Immunsystem zu bremsen.

Zur Behandlung werden verschiedene Ansätze versucht: Dazu zählen Gaben von Corticosteroiden, Immunsuppressiva oder monoklonalen Antikörpern, Bestrahlung der Lymphknoten und Plasmapherese – eine Art Blutwäsche bei der mit Hilfe einer Zellseparationsmaschine Antikörper und schädigende Moleküle aus dem Blut des Patienten entfernt werden.

Millionen Menschen leiden unter Allergien (allos = (gr) anders, ergon = (gr) Wirkung). Allergien entstehen durch eine Überreaktion des Immunsystems beim Kontakt mit bestimmten fremden Stoffen. Das Abwehrsystem reagiert überempfindlich auf ein artfremdes Antigen. Bei einer Allergie ist die Abwehr in dreifacher Weise gestört:

- Harmlose und gefährliche Stoffe werden nicht richtig unterschieden.
- Die Produktion von Abwehrstoffen schießt über das Ziel hinaus;
- die Antikörper führen nicht zu Immunität, sondern zu Übersensibilisierung.

Eine Allergie ist eine unangemessene und übersteigerte Reaktion des Immunsystems auf fremde Stoffe.

Eine Allergie ist eine fehlgeleitete Abwehrreaktion des Körpers.

In vielen Fällen manifestieren sich allergische Erscheinungen an der Haut. Bei der atopischen **Dermatitis** entstehen Hautausschläge, die hartnäckig wiederkehren.

Die wohl bekannteste Allergie ist der **Heuschnupfen**. Ausgelöst wird er durch Pollen. Symptome sind Juckreiz in der Nase, vermehrte Sekretion der Nasenschleimhaut, Niesen, Tränenfluss und Rötung der Bindehäute.

Man unterscheidet verschiedene Typen allergischer Reaktionen:

Typ 1 (Sofortreaktion): Antigene binden an IgE-Antikörper auf Mastzellen, setzen Histamin frei.

Typ 2 (zytotoxische Reaktion): Antikörper binden an zellständige Antigene und aktivieren das Komplement.

Typ 3 (Antigen-Antikörper-Komplexe): Immunkomplexe werden in Organe mit hoher Durchblutung eingelagert.

Typ 4 (Spätreaktion): Sensibilisierte T-Lymphozyten und Makrophagen reagieren mit Fremdgewebe.

Auslöser von **Asthma** sind Hausstaub, Tierhaare, Federn, Pollen und Schimmelpilzsporen. Sie führen anfallsweise zu einer Verengung der kleinen Bronchien. Die glatte Muskulatur zieht sich zusammen, die Schleimhäute schwellen an und produzieren vermehrt Sekrete. Die Atmung geht schwer. Der Patient gerät in Panik und droht zu ersticken.

Lebensgefährlich ist ein **anaphylaktischer Schock**. Die Blutgefäße weiten sich so stark, dass es zu einem bedrohlichen Blutdruckabfall mit Kreislaufkollaps kommt. Gleichzeitig verengen sich die Bronchien, so dass Atemnot entsteht. Auslöser sind meist Allergene, die direkt in die Blutbahn gelangen, z. B. Insektengift bei einem Stich.
Fast jeder Stoff kann zum **Allergen**, zum Auslöser einer Allergie, werden:

- Kosmetika, Kleidung und Schmuck sind Kontakt-Allergene.
- Kuhmilch oder Mehl, Konservierungsmittel und Farbstoffe können sich als Allergieauslöser entpuppen – allerdings handelt es sich bei den meisten Reaktionen auf diese Stoffe nicht um Allergien, sondern um ganz unterschiedliche Intoleranzen, die auf einen Enzymmangel oder die Reizung empfindlicher Schleimhäute zurückgehen.
- Bei Insektenstichen kommen die Allergene in die Unterhaut oder unmittelbar in die Blutbahn.
- Hausstaub, Pollen, Pilzsporen und Tabakrauch erreichen die Schleimhäute beim Atmen. Übertriebene Wärmeschutzmaßnahmen führen zu erhöhter Luftfeuchtigkeit in den Wohnräumen. Daraus ergeben sich ideale Bedingungen für Milben und Schimmelpilze. Das wichtigste Allergen kommt im Kot der Hausstaubmilbe vor. Umweltschadstoffe können Wegbereiter für allergische Reaktionen sein.

Die allergische Reaktion kann sofort oder erst Stunden oder Tage nach Kontakt mit dem Allergen auftreten. Manche Allergien häufen sich in bestimmten Familien, es gibt eine erbliche Disposition. Auch psychische Belastungen (Stress) begünstigen das Entstehen von Allergien.

Typ-1-Allergien sind durch IgE vermittelte Immun-Reaktionen:

Allergien entwickeln sich erst nach wiederholtem Kontakt mit dem Allergen.

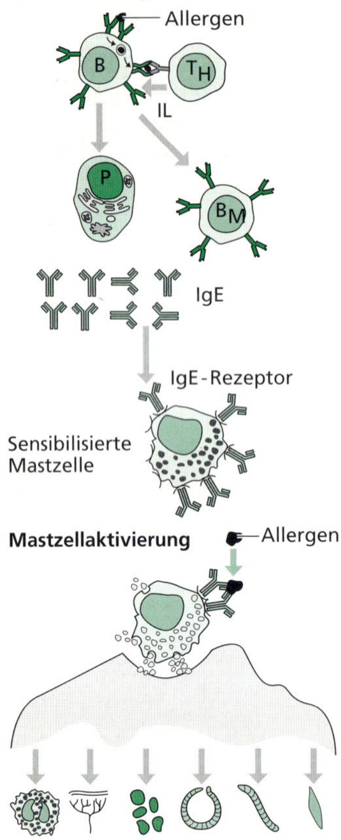

Beim **ersten Kontakt** ruft ein Allergen keine Symptome hervor; es bereitet jedoch den Körper auf die allergische Reaktion vor.

Ein Allergen ist ein Antigen, das eine allergische Reaktion auslöst.

Der Kontakt mit dem Allergen löst unter Mitwirkung der sensibilisierten **T-Helferzelle** die Umwandlung der B-Zellen in Plasmazellen und Gedächtniszellen aus. Die **Plasmazellen** bilden große Mengen von **Antikörpern der Klasse E**. IgE-Antikörper wandern durch die Blutbahn zu den **Mastzellen** und heften sich an deren Oberfläche. Mastzellen sind besonders häufig auf der Haut und in den Schleimhäuten von Augen, Nase, Mund, der Atemwege und des Darmtrakts.

Mastzellen setzen starke Wirkstoffe frei.

Bei einem **erneuten Kontakt** heftet sich das Allergen sofort an die IgE-Antikörper auf der Mastzelle. Dabei bildet es **Brücken zwischen zwei IgE-Molekülen**. Diese Brückenbildung setzt Wirkstoffe frei, insbesondere das **Histamin**. Die Reaktionen des Körpers auf Histamin sind vielfältig: Die Gefäße erweitern sich, die Kapillaren werden durchlässiger und Eingeweidemuskeln (z.B. Bronchialmuskeln) verkürzen sich. Mögliche Symptome sind Juckreiz, Kopfschmerzen, Atembeschwerden, Bewusstlosigkeit.

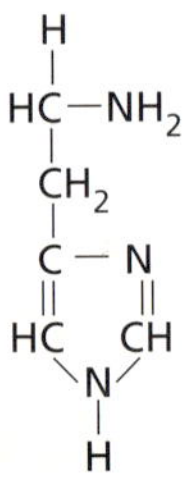
Histamin

Die **„Urwaldhypothese"** geht davon aus, dass das Immunsystem in den Industrieländern wegen übertriebener Hygiene nicht genügend trainiert wird, und dass ein unbeschäftigtes Immunsystem überschießend reagieren kann. IgE und Histamin haben vor allem die Aufgabe Wurminfektionen im Darm abzuwehren: Kontraktionen der Darmwand und Erweiterung der Gefäße; die einströmende Flüssigkeit und eine verstärkte Schleimbildung lösen die Würmer ab. Durch die Hygiene sind Wurminfektionen stark zurückgegangen. Dieser Teil des Immunsystems richtet sich nun gegen andere, eigentlich harmlose Substanzen, wie Pollen oder Nahrungsmittel.

Zur Diagnose von Allergien dienen Provokationstests. Wird ein Allergen unter die Haut gespritzt, so schwillt die Haut des Allergikers nach wenigen Minuten zu einer Quaddel an.

- Einfachste Behandlung ist die **Vermeidung** des Allergens.
- Wo dies nicht möglich ist, sind **Antihistaminika** die Standardtherapie.
- **Cortison** führt zu rascher (oft dauerhafter) Abnahme der Lymphozyten.
- Bei einer **Hyposensibilisierung** (Desensibilisierung) wird das Allergen in langsam steigenden Dosen injiziert. Kleine Mengen an Allergen regen die Bildung von IgG-Antikörpern an, die das Allergen vor der Bindung an IgE abfangen.